JN411382

무한책임의 주역

이봉원 저

Commander

良書閣

:: 머리말

지구상의 모든 국가들은 규모의 차이는 있으나 한결같이 군대를 보유하고 있다. 이처럼 국가가 군대를 보유하는 것은 평시에는 전쟁과 테러를 억제하여 자국의 평화와 안정을 유지하기 위함이요, 일단 유사시에는 적과 싸워 이기는 힘을 갖추어 적의 위협으로부터 국가와 국민을 지켜내기 위함이다.

군 지휘통솔의 궁극적인 목표는 이와 같은 군의 존재 목적을 달성할 수 있는 조직과 사람을 만드는 일이다. 승리를 보장하기 위해 군은 평소에 강도 높은 교육훈련과 완벽한 전투준비태세를 갖추어야 하며, 이를 뒷받침하기 위하여 효율적인 부대관리에 지휘역량을 경주해야 한다. 이 모든 활동의 중심에는 바로 지휘관이 있다. 지휘관이 어떻게 지휘통솔하느냐에 따라 평시 부대활동은 물론, 유사시 전장에서의 승패가 판가름나는 것이다.

지휘통솔의 성과는 지휘관, 부하, 상황이라는 지휘통솔 3요소의 상호작용에 의해 결정되며, 승리한 부대나 성공한 작전은 이

3요소의 상호작용 과정에 반드시 훌륭한 지휘관의 역할이 있었다. 그렇기 때문에 지휘관을 '승패의 책임자이자 무한책임의 주역'이라고 말할 수 있으며, 훌륭한 지휘관을 육성하기 위해 노력해야만 하는 이유도 여기에 있는 것이다.

지휘통솔 능력은 관련 전문서적과 연구논문 등을 탐독하거나 교육을 통해 향상시킬 수도 있지만, 무엇보다 실병 지휘경험을 통하여 체득해야 하는 부분이 더 많은 기술(Art)이기도 하다. 리더십 박사학위를 갖고 있는 유명한 대학교수라도 성공적으로 실병 지휘를 할 것이라는 보장은 없으며, 훌륭한 야전 지휘관이라 할지라도 자신의 지휘통솔 요체를 체계적으로 정리하여 책자화하는 것 역시 쉬운 일은 아니다. 이것은 마치 올림픽 금메달리스트나 예술가라도 자신의 기술과 능력을 전수해줄 수 있는 분석적인 논문이나 서적을 저술한 경우가 드문 것과 같은 맥락이다.

뽕잎을 먹고사는 곤충은 많이 있지만 그 중에 누에만이 비단실을 뽑아낸다고 한다. 이처럼 동일한 직책과 비슷한 경험을 했어도 개념과 논리를 바탕으로 지휘관의 역할을 수행하고 그 경험을 후배들에게 현장감있게 전수하기란 쉽지 않다.

그러나 아무리 어려운 일이라고 하더라도 누군가는 이런 작업을 체계적으로 정리하는 것이 꼭 필요한 일이라고 생각한다. 필자는 그동안 필자가 야전군과 정책부서에서 지휘관 및 참모 경험을 통해 터득하고, 듣고, 느끼고, 생각하며 정리한 것들을 지혜

롭다는 토끼해인 신묘년(辛卯年)을 맞이하여 활자화하게 되었다. 이 책자 속에 들어있는 예문들은 필자 자신이 그렇게 되고 싶어 열망했던 것이고, 또한 그것은 나와 같은 길을 걸어가는 사람들과 공유하고 싶은 것들이다. 이 책의 모태는 필자가 항상 군 생활을 하면서 생각날 때마다 메모를 해 두었던 내용들을 사단장 시절에 예하부대 지휘관 교육용으로 제본한 개조식 강의록이다. 필자는 사단장으로 부임한 후 상·하급부대 지휘관 간의 지휘개념과 방향을 조속히 일치시켜 유기적인 공감대를 형성하고, 이를 토대로 예하 지휘관들이 성공적으로 부대지휘를 할 수 있도록 현장교육과 토의를 수시로 진행하였다. 필자는 교육과 토의진행을 위해 개조식 자료를 제작했으며, 이번에 당시 활용했던 자료들을 서술식으로 다시 정리하면서 새로운 사례들을 추가하였다.

당시 필자의 강의내용을 상급부대 지휘관이 인지하고 복사본을 만들어 타부대 지휘관들에게까지 전파토록 지시하였으며, 육군본부에서는 이것의 일부를 사단장반 교육자료로 활용하였다. 이 과정에서 필자의 요약식 강의록이 내부용으로 제본되어 군내 여러 부대에 전파되었다. 이제 호국간성의 정예장교를 육성하는 육군사관학교장으로 있으면서 야전에서 열정을 쏟으며 부대지휘에 활용했던 자료를 보다 이해하기 쉽고 활용하기 편리하게 재정리하여 장교양성기관의 피교육생들도 활용할 수 있는 책자로 만들어 주면 좋겠다는 주위 사람들의 의견을 겸허히 수용하여 출판을 하기로 결심하게 되었다.

이 책은 전체적으로 포괄적인 내용을 담고 있으면서 일부는 구체적으로 기술되어 있다. 지휘에 관한 개념적인 그림과 부대관리를 위한 세부적인 프로그램도 포함시켰다. 또한 일부 개념과 용어는 필자가 자의적으로 만들어낸 것도 있다. 이렇게 개인적 경험과 일부 이론 및 사례를 종합하여 기술했기 때문에 어떤 내용은 받아들이는 사람에 따라 다른 의견이 있을 수도 있다. 그럼에도 불구하고 필자가 출판을 결심하게 된 것은 본 저서의 내용을 필요로 하거나 다소의 도움이 될 수 있는 사람들이 많이 있을 것이라는 확신 때문이다. 이견이나 더 좋은 아이디어에 대해서는 감사하는 마음으로 받아들일 것이며, 향후 이 책을 증보하거나 수정할 때 적극 반영할 수 있도록 독자들의 아낌없는 지도편달을 당부드리고자 한다.

야전 지휘관이나 참모는 물론 양성기관에서 교육을 받는 사관생도 및 장교후보생들이 임관 이후 부대를 지휘통솔하는 데 있어서 이 책이 다소나마 도움이 되기를 간절히 바라며, 태릉골 화랑대에서 울려 퍼지는 사관생도들의 씩씩한 발걸음과 군가 소리를 들으면서 글을 맺는다.

2011년 2월

화랑대에서 저자 씀

:: 차 례

제 1 부

지휘통솔

1

지휘관의 자질

지휘관, 군 조직에서 무한책임의 주역

군에서 '사단장은 군대의 꽃'이라는 말을 자주 한다. 그러나 필자는 '사단이 군조직의 꽃'이라고 생각한다. 지휘관이 창의적 역량을 최대한 발휘하여 강한 전투력과 탄탄한 단결력을 갖춘 조직으로 최단시간에 만들어 갈 수 있는 단위가 사단이라고 믿기 때문이다. 부대의 모든 활동은 지휘관을 중심으로 이루어진다. 지휘관은 부대의 중심이요, 생명이요, 힘의 원동력이다. 그러다 보니 지휘관이 부대를 위해 존재하는 것이 아니라, 부대가 지휘관을 위해 존재하는 것으로 자칫 잘못 생각하기 쉽다. 착각하면 안된다. 지휘관이 부대의 중심인 이유는 그 부대가 빛나는 꽃으로 피어나도록 만들 무한책임이 바로 지휘관에게 있기 때문이다. 전쟁에서의 승리는 부대가 이룩하는 것이며, 전쟁에서 승리하여 그 부대가 빛나는 꽃이 되는 영광을 누리게 만드는 주역은 바로 지휘관인 것이다.

부대는 모든 구성원들이 함께 피워내는 꽃이며, 그 책임을 담당하는 주역이 바로 지휘관이다. 예를 들어 한 송이의 꽃을 피우려면 우선 태양과 물이 있어야 하고 줄기와 잎과 뿌리가 있어야 한다. 한 부대의 구성 역시 지휘관과 간부가 있어야 하고 중간 계층과 하부 구성원이 있어야 하며, 각종 지원과 대내외 환경이 조화를 이루어야 한다.

꽃이 화려하게 피어나면 그 꽃을 피운 주역들은 자연스럽게 빛나는 별이 되고, 아름다운 꽃이 되고, 굳건한 줄기가 되며, 든든한 뿌리가 된다. 하늘에서 빛나는 별이 장군이라면, 영관은 지상 최고의 꽃, 즉 천년에 한 번 피고 나서 바로 죽는다는 대나무꽃이고, 위관은 땅에서 최고의 가치를 지니는 보석인 다이아몬드이며, 부사관은 조직 생명의 원천이며 기초인 나무의 뿌리라고 표현할 수 있다.

일찍이 그리스의 철학자인 플라톤은 "한 국가의 통치자는 지혜, 군인은 용기, 국민은 절제를 발휘할 때 그 국가는 이상국가(ideal state)의 참모습인 정의를 꽃피운다."라고 하였다. 말하자면 한 국가를 구성하는 각계각층의 사람들이 각자 자신의 직분에 맞는 역할과 본분을 다할 때 그 나라에 '정의'라는 아름다운 꽃이 피게 된다는 것이다. 군 조직이 '승리'라는 빛나는 꽃을 피우기 위해서는 잎과 줄기와 뿌리가 각자 자기의 직분을 다해야 한다. 다시 말해 장군은 인과 덕, 영관은 전문성, 위관은 진취성, 부사관은 성실성을 구비하고 직분에 충실해야만 승리할 수 있는 것이다.

장군, 영관, 위관, 부사관이 혼연일체가 되어 각자의 역량을 충분히 발휘한다면 문제가 없겠지만, 부대의 여건과 환경, 그리고 개인 능력에 따라 제 몫을 발휘하지 못할 수도 있다. 이럴 경우 지휘관은 조직이 제 기능을 발휘할 수 있도록 부하의 부족한 부분을 채워주는 역할까지 담당해야 한다. 하부 구조가 완벽하게 구축되지 않은 우리 군의 현실을 고려할 때나, 한 치 앞을 내다보기 힘든 상황의 변화 속에서 지휘관의 책임과 역량은 무엇보다 더 중요하다고 할 것이다.

간부들이 반드시 갖추어야 할 3정

허수아비는 농촌 들녘에 영글어가는 농작물에 피해를 주는 새를 쫓기 위해 사람 형상으로 만들어 놓은 구조물이다. 얼핏 보면 외양이 사람 같아 보이지만, 자세히 들여다보면 사람이 아니라는 것을 곧 알 수 있다. 간부의 계급장과 명찰, 부대 마크가 달려 있는 군복을 입고 있으면 일단은 간부처럼 보인다. 그러나 몇 시간 또는 며칠 동안만 접촉해보면 그가 진정한 간부인지 아니면 허수아비 같은 간부인지를 쉽사리 구별해 낼 수 있다. 이를 구분할 수 있는 기준은 바로 정직(正直), 정확(正確), 정통(精通)의 3정이다. 3정을 갖추고 있는 간부야말로 진정한 간부이며, 그렇지 못한 간부는 허수아비 간부인 셈이다. 이 세 가지 덕목은 군 간부에게뿐만 아니라 모든 공직자에게도 공통적으로 요구되는 덕목이다.

첫 번째 덕목인 정직(正直)이란 남을 속이지 아니하며, 자신에게도 거짓이나 꾸밈이 없는 진실을 추구하는 것을 말한다. 군에서 '허위보고'가 끼치는 해악이란 이루 말할 수 없다. 1960년대와 70년대 초 월남전에서 미군은 병력과 무기, 경제력에서 절대적인 우세를 갖고 있으면서도 월맹에 패배하였다. 그렇게 된 가장 큰 원인 중의 하나가 바로 간부들에 의한 허위보고였다고 한다. 부정직하게 전과를 확대하여 보고하거나, 실시하지도 않은 작전을 실시한 것처럼 허위로 보고한 결과 상급부대는 전황을 오판하게 되었으며, 결국 미군은 월맹에 패배하고 말았다. 1990년대 말 우리나라는 제2의 국치라는 IMF 사태를 맞았다. 이는 경제 분야에 근무하는 관리들이 외환위기 사실을 고의로 보고하지 않거나 사실을 왜곡 보고함으로써 경제 위기상황에 효과적으로 대처할 수 없도록 한데서 기인한 것이었다. 순간적으로 잘못을 모면하기 위해 허위보고를 하면 걷잡을 수 없는 악순환의 늪에 빠지게 된다. 대인관계에 있어서도 정직성이 결여된 언행은 금방 그 저의가 드러나게 되고, 그로 인해 신뢰감은 실추된다. 보여주기 위한 위선적인 행위는 위에서도 보이고 옆에서도 보이며, 밑에서는 훨씬 더 잘 보인다. 솔직한 언행만이 사람들로부터 영원한 신뢰를 얻는 길이다.

두 번째 중요한 덕목은 정확(正確)이다. 인간관계에서의 신뢰는 두 가지 요소에 의해 결정된다. 그 하나는 인간적인 신뢰이고 다른 하나는 업무상 신뢰이다. 인간적인 신뢰는 간부의 첫째 덕목인 정직성을 통해서 쌓을 수 있고, 업무상 신뢰는 정확한 업무수행에서 비롯된다. 업무수행에 필요한 직무지식, 규정, 방침을 모르고 대충대충 하면 안 한 것만 못하다. 아무리 정직하고 진실한 사람이라 할지라도 덜링대거나 대충 넘겨버리는 식으로 업무를 하면 어느 누구라도 일을 믿고 맡길 수가 없다. 뿐만 아니라 참모나 예하 지휘관이 부정확한 보고를 하는 것은 상급자를 바보로 만들고 기만하는 행위와도 같다. 정확하지 않은 업무처리는 사고의 원인이 되기도 한다. 포병사격을 할 때 장약의 양을 정확히 적용하지 않으면 낙탄으로 인한 대형사고가 발생한다.

세 번째 조건은 정통(精通)이다. 이것은 정확과 더불어 업무상에서의 신뢰를 얻는 중요한 조건이다. 자기 업무분야에서 최고의 권위자가 된다면 신뢰 획득이 가능하다. 낭중지추(囊中之錐), 즉 주머니 속의 송곳이란 뜻으로 유능한 사람은 숨어 있어도 자연히 그 존재가 드러나서 인정을 받게 되고 주요 직위에 선발되어 쓰이게 된다. 자신의 업무에 전문적인 지식과 기술을 가지고 있어야만 부여받은 임무를 완수할 수 있고, 동료들과의 협조와 부하에 대한 지휘가 원활하게 이루어질 수 있다. 지휘관은 폭넓은 안목과 식견을 갖고 종합적인 판단을 통해 건전한 의사결정을 할 수 있어야 한다. 또한 참모는 자기 분야에 관해서는 지휘관의 전담 가정교사가 될 수 있는 정도의 전문성을 갖추어야 한다. 지휘관의 질문에 답변을 못하거나, 늘상 동문서답하는 참모는 그 임무를 수행할 자격이 없다.

정직, 정확, 정통 이 세 가지에 기초한 자세와 강력한 실천력을 구비한다면 자신이 지향하는 목표를 향해 나아가는 길이 자연스레 넓게 펼쳐질 것이다.

성공한 지휘관들의 공통분모

일을 즐길 줄 알아야 한다. 자신이 담당한 최소한의 일만 하고, 부가적인 업무는 가능하면 피하려고 하는 사람이 있다. 매사에 업무의 책임 소재를 깐깐하게 따져서 가능하면 다른 부서로 업무를 '핑퐁'하는 스타일이다. 이런 사람은 어느 조직에서나 성공하기 어렵다. 조직생활을 하다 보면 예상치 못한 일들이 많이 생기고, 어떤 부서가 처리해야 하는지 명확하게 구분하기 어려운 일도 많다. 지휘관조차도 교집합 부분의 업무에 대해 확실하게 조정해 주기 어려운 일도 있다. 그런 일이 있을 때 자발적으로 그 일을 담당해주는 부하가 있다면 지휘관은 얼마나 고맙게 생각할 것인가? 때로는 분명 타 부서의 업무임에도 불구하고 나에게 부여되는 경우가 있다. 이는 상급자가 하급자를 시험해보기 위함일 수도 있고, 당사자가 누구보다도 그 일을 깔끔하게 처리할 것으로 굳게 믿는 경우일 수도 있다. 어떤 경우라 할지라도 업무가 부여되면 일단은 그 업무를 받아들여야 한다. 피할 수 없으면 즐기라는 말도 있지 않은가! 시간이 지나면 일들은 자연스럽게 소관 부서로 돌아가게 되어 있다. 생각지도 않는 일들을 부여받게 되거나 분명히 본인의 일이 아닌데도 해야만 하는 상황에 처하게 되면 대부분의 사람들은 스트레스를 받게 된다. 만약 그런 스트레스를 받는 경우에는 유머와 여유를 잃지 않도록 해야 한다. 유머는 기분을 전환시켜줄 뿐만 아니라, 업무성과를 높이는 촉진제가 된다. 지휘관이라면 일을 즐길 줄 아는 여유를 가져야 한다.

일희일비(一喜一悲)하지 말아야 한다. 인생과 마찬가지로 군생활은 긴 마라톤이다. 기나긴 마라톤의 여정 속에서 수없이 많은 좋은 일과 나쁜 일, 성공과 실패가 교차하기 마련이다. 작은 일들에 일희일비하는 사람은 심리적 에너지가 쉽게 고갈된다. 그리고 주변 사람들에게도 변덕스럽다는 나쁜 인상을 심어주게 된다. 단기간의 성과와 실패에 연연하기보다는 장기적인 안목으로 인생과 군 생활을 관조하고 당당하게 자신의 목표를 향하여 전진하는 것이 긴 마라톤에서 최후의 승자가 되는 길이다. 한 번 진급에서 누락되었거나 동기생보다 뒤졌다고 세상을 잃은 것처럼 해서는 안 된다. 다음 단계에서 역전되는 경우가 허다하지 않은가. 그래서 '인생은 마지막에 웃는 자가 가장 멋있게 웃는다.'라고 했다.

항상 미래를 준비해야 한다. 준비하지 않은 사람에게는 좋은 기회도, 좋은 결과도 주어지지 않는 법이다. 좋은 성적을 받기 원한다면 학기 초부터 공부를 열심히 해야 한다. 집을 장만하기 원한다면 일찍부터 저축을 해야 한다. 행운조차도 준비한 사람에게 돌아갈 확률이 더 높다고 한다. 인생에서 성공하기를 원한다면 성공에 필요한 조건이 무엇인지를 파악하고 그 조건들에 대해 철저하게 준비를 해야 한다. 미래에 대한 투자와 자기 계발만이 미래의 성공을 보장한다. 특히, 꾸준한 건강관리는 미래를 위한 준비사항 중에서도 가장 중요한 요소이다.

자투리 시간을 잘 활용해야 한다. 이 세상을 살아가고 있는 사람들 중 미래를 준비하도록 별도의 시간을 부여받은 사람은 없다. 대부분의 사람들이 '이 바쁜 시간이 좀 지나면 내년이나 몇 년 뒤에는 내가 정말 하고 싶은 일들을 할 수 있는 시간이 있겠지.'라고 생각한다. 그러나 그 어떤 사람에게도 이런 시간은 오지 않을 뿐더러 실상은 그와 정반대이다. 해야 할 일은 시간이 흐를수록 더 많아지는 법이다. 미래를 준비하기 위한 별도의 할당된 시간이 없기 때문에 자투리 시간을 효율적으로 활용하는 것이 중요하다. 단 몇 분이라도 시간이 나는 대로 미래를 준비해야 한다. 기나긴 인생 역시 자투리 시간들이 모여서 이루어진 것이다. 미래의 행복과 결실만 기대하면서 지금 이 순간을 허송세월한다면 결국 일생은 허무와 낭비로 점철될 수밖에 없다.

강한 실천 능력을 가져야 한다. 충남 예산에 소재한 덕숭산 수덕사의 만공탑에는 "천사불여일행(千思不如一行)"이라는 만공스님의 글귀가 새겨져 있다. 아무리 훌륭한 생각이라 하더라도 머릿속에만 담은 채 실행되지 않는다면 아무 소용이 없다는 뜻이다. 아무리 작은 계획, 사소한 업무라도 반드시 완수하겠다는 강한 의지와 실천이 필요하다.

재충전의 시간을 가져야 한다. 군 생활도 인생과 마찬가지이다. 해야 할 일은 끊임없이 생겨나고, 시간이 지나면서 산더미같이 쌓이기 마련이다. 일 년 중 마음 편안하게 휴가를 갈 수 있는 날은 손가락으로 꼽아도 될 만큼 많지가 않다. 일의 홍수 속에 빠져 살다보면 심신이 지치고 피폐해질 수 있다. 장거리 마라톤과 같은 인생을 건강하고 활기차게 지속하려면 바쁜 업무 중에도 휴식을 가져야 한다. 휴식이라는 의미의 'recreation'이라는 단어를 분석해보면 '재(re)+창조(creation)'가 된다. 즉 휴식은 다음 일을 시작하기 위한 창조의 시간인 것이다. 휴식과 업무를 적절히 조화시킴으로써 생활의 활력을 찾고 에너지를 재충전할 수 있을 것이다.

인간관계를 원만하게 유지해야 한다. 지휘란 사람들 간의 상호관계 속에서 진행된다. 지휘통솔하면 자신의 부하만 잘 이끌면 된다고 생각할 수 있으나, 지휘통솔의 궁극적인 효과는 부여된 임무를 얼마나 성공적으로 완수하였는가를 보면 알 수 있다. 부여된 임무를 성공적으로 완수하기 위해서는 부하들이 잘하는 것만으로는 부족하다. 상관의 지원이 있어야 하고, 동료들의 지지가 있어야 하며, 지역 주민들의 성원도 있어야 한다. 지휘관은 직속 부하에게는 지휘관이지만, 그의 직속상관에게는 부하이며, 동급 부대 지휘관에게는 동료이다. 성공적인 지휘관이 되기 위해서는 상관, 동료, 부하 그리고 지역 주민 모두로부터 두터운 신망을 받을 수 있어야 한다.

생각이 행동을 지배하고, 행동은 운명을 지배한다고 했다. 또한 영국의 철학자 프란시스 베이컨(Francis Bacon)은 "아는 것이 힘"이라고 했다. 그러나 아는 것만으로 끝난다면 '아는 힘'은 발휘된 것이 아니기 때문에 인생에 아무런 도움이 되지 못한다. 아는 것을 행동화해야만 '아는 힘'이 발휘될 수 있으며, 이러한 힘이 운명을 지배하게 되는 것이다. 중국의 유학자인 왕양명은 지행합일론(知行合一論)을 제창하였다. 아는 것은 실천되었을 때 비로소 가치를 갖게 된다는 말이다. 실용주의 철학자로 널리 알려진 미국의 죤 듀이(John Dewey) 또한 "지식은 행동을 위한 도구"라고 주장하였다. 말하자면 아는 것도 행하지 않으면 의미가 없다는 점을 역설한 것이다. '생각하면 행동하라.' 이것이 지휘관으로서 성공하는 길로 이끌어 줄 것이다.

지휘관에게 필요한 6가지 덕목

충(忠): 인간 대 인간으로서 배신하지 않고 참다운 정성으로 대하는 마음을 가져야 한다. 그러다 보면 조국에도 충성하게 된다.

통(洞): 대관소찰(大觀小察), 그리고 대관세찰(大觀細察)해야 한다. 즉 큰 것과 작은 것, 전체를 보는 것과 숨겨진 세부사항을 보는 통찰력을 키워야 한다.

용(容): 부하들을 끌어안을 수 있는 폭넓은 포용력을 길러야 한다. 적을 만들지 말아야 한다. 내부의 적 한 사람이 부대 전체를 위태롭게 만들 수 있다.

중(重): 남자의 한 마디 말은 천금과 같이 귀중하다(남아일언중천금, 男兒一言重千金). 지휘관의 언행은 태산과 같은 장중함이 있어야 한다. 부하에게는 실천 가능한 약속만을 해야 하며, 부하에게 한 약속은 반드시 실천해야 한다.

강(剛): 올바른 일에 대해서는 어떠한 어려움이 있더라도 반드시 실행해야 한다. 꼿꼿하고 곧은 마음으로 사람을 대하고 업무를 수행하면 크고 작은 곤경들도 충분히 물리칠 수 있다.

간(諫): 불의와 잘못을 보면 상급자에게 직언을 할 줄 알고, 상급자는 부하의 직언을 들을 줄도 알아야 한다. 자기 잘못을 지적하는 부하들의 의견을 존중할 줄 아는 아량을 가져야 한다. 지휘관은 자신의 부족함을 인정하고 남의 지혜를 배우겠다는 자세를 견지해야 한다.

지휘관이 구비해야 할 기술

리더십 이론의 대가이며 유명한 심리학자인 카츠(Katz)는 지휘관에게 필요한 3가지 기술—기능적 기술, 대인관계 기술, 지능적 기술—을 제안하였다.

기능적 기술은 자기가 종사하고 있는 분야의 기능적 능력이고, 대인적 기술은 사람을 대하고 다루는 능력이며, 지능적 기술은 사색이나 관찰, 경험 등을 통해 조직이 처한 문제들을 효과적으로 처리하는 예지(銳智)를 말한다.

성공하는 지휘관이 되기 위해서는 해당 계급 및 직책 수준에 필요한 기술을 습득하고 축적하는 자세가 필요하다. 이러한 기술을 축적하기 위해서는 각종 교육기관에서의 교육훈련과 실무부대에서의 경험, 그리고 지혜를 얻기 위한 끊임없는 사색과 노력이 필요하다.

군인으로서의 기능적 기술은 각종 전술전기에 대한 지식, 편제화기와 장비를 다루고 운용하는 능력을 말한다. 이런 기능적 기술을 구비하기 위해서는 기본적으로 각종 양성교육과 보수교육 과정에서 충실하게 군사학을 공부하고, 이에 부가하여 끊임없이 교범을 탐독하는 것이 필요하다. 또한 교육기관에서 습득한 지식과 교범에서 얻은 지식을 실무 현장에서 직접 적용하고 활용함으로써 머리로 얻은 지식을 몸으로 체득하여 완벽하게 자기 것으로 만들어야 한다. 이런 과정 속에서 기존 군사교리의 부족한 부분을 보충하고 문제점을 발견하여 수정하는 등 군사교리의 발전도 기대할 수 있는 것이다.

대인관계 기술에서 가장 중요한 요소는 주변 사람들로부터 신뢰를 얻는 일이다. 이 신뢰는 인간적인 신뢰와 업무적인 신뢰를 모두 포함한다. 신뢰를 얻기 위해서는 사람들에게 정직하고 성실하게 대하는 것이 가장 기본적인 요소이다. 앞서 제안한 '간부들이 반드시 갖추어야 할 3정'과 '지휘관이 반드시 갖추어야 할 덕목'에 나와 있는 내용을 다시 한 번 되새겨 볼 필요가 있다.

지능적 기술은 단순한 지식의 습득이나 지능의 개발에 관한 것이 아니라, 지혜 또는 예지라는 말로 더 잘 설명될 수 있는 능력이다. 여기서 지혜는 단순한 암기능력이 아니라, 잡다한 현상 속에서 핵심을 찾아내고 통찰력을 통해 본질을 꿰뚫어보는 능력을 말한다. 제2차 세계대전의 영웅인 영국의 몽고메리(Montgomery) 장군이 강조했듯이 지혜는 깊은 사색을 통해서만 길러질 수 있는 것이다. 지혜는 지식과는 달리 다른 사람에게 말해 주거나 가르쳐 줄 수 있는 것이 아니다. 지휘관은 업무에 정통한 군사 전문가로서의 능력을 발휘하면서, 항상 냉철한 이성을 가지고 판단하는 습성을 길러야 한다. 또한 항시 사색하고 예리하게 관찰하는 자세로 핵심을 간파해야 한다.

이러한 세 가지 기술은 지휘관의 직급에 따라 각각의 비중과 중요성이 다르다. 아래 그림에서 알 수 있듯이 대인관계 기술은 지휘관의 직급을 불문하고 그 중요성과 비중이 비슷하다. 그러나 기능적 기술은 하위 직급 지휘관일 때 중요도가 더 큰 반면, 상위 직급 지휘관으로 갈수록 비중이 작아진다. 또한 지능적 기술은 하위 직급 지휘관일 때는 그 비중이 상대적으로 작지만, 상위 직급 지휘관으로 올라갈수록 그 비중이 더 커진다.

고급지휘관 (사단장)	지능적 기술	대인관계 기술	기능적
중간지휘관 (연·대대장)	지능적 기술	대인관계 기술	기능적 기술
일선지휘관 (중대장)	지능적	대인관계 기술	기능적 기술

지휘관은 부대를 지휘함에 있어서 대관소찰(大觀小察) 또는 대관세찰(大觀細察))할 수 있어야 한다. 누구나 아는 내용이지만 이를 실천하기는 쉽지 않다. 대관은 숲을 보는 것이며, 소찰은 그 숲속의 나무 하나하나를 보는 것이다. 대관을 통하여 전체적인 계획을 수립하고, 소찰을 통하여 세부적인 사항을 파악하고 점검해야 한다. 직급이 낮은 지휘관의 경우에는 소찰 부분에, 직급이 올라갈수록 대관 부분에 더 중점을 두어야 한다.

지휘관의 자기관리 방법

훌륭한 지휘관은 자기관리에 성공한 지휘관이라고 말 할 수 있다. 지휘관은 많은 부하를 관리하고 통솔하는 사람이다. 다른 사람을 관리하고 지휘하려면 먼저 자신을 잘 관리하는 사람이 되어야 한다. 동양의 고전인 대학(大學)에서도 군자(君子)가 되기 위한 첫걸음은 수신(修身), 즉 자신을 다스리는 것이라고 했다. 자신을 잘 다스린 연후에 가정을 잘 다스릴 수 있고, 그런 연후에야 비로소 나라를 다스리고 천하를 평안하게 할 수 있다는 것이다(수신제가치국평천하, 修身齊家治國平天下). 자기관리의 시작은 육체적이고 본능적인 욕구를 정신적이고 윤리적인 자세로 극복하는 데서 비롯된다. 아무리 졸음이 쏟아진다 하더라도 경계근무를 하는 병사가 졸면 안 된다. 양심의 가책을 받는 일의 대가로 주어지는 것은 절대로 취해서는 안 된다. 수신(修身)은 평천하(平天下)의 출발이며 기초인 것이다.

훌륭한 지휘관은 반성적 사고와 냉정한 판단력을 구비하여야 한다. 공자의 문하생으로 대학(大學)을 저술한 증자(曾子)는 자신의 덕성을 쌓기 위해 하루에 세 번씩 반성(一日三省)을 하였다고 한다. 날마다 자기 스스로 행한 일 가운데서 남의 일을 정성을 다하여 도와주었는지, 친구에게 믿음이 없는 행동을 하지 않았는지, 스승의 가르침을 잘 배웠는지 반성했다는 것이다. 반성은 자기 자신이 한 일의 잘잘못을 평가하는 것이다. 그러므로 반성의 결과가 자신의 덕성을 쌓는데 도움이 되기 위해서는 냉정한 판단력이 있어야 한다. 옳고 그름을 제대로 판단할 수 있는 능력과,

판단한 결과를 있는 그대로 받아들일 수 있는 냉정함이 함께 구비되어야 한다. 높은 덕목과 넓은 도량을 갖춘 지휘관은 칭찬을 들어도 기뻐하지 않고, 모욕을 받아도 성내지 않고, 두루 묻고, 아랫사람의 역량을 존중하며, 유순함으로 일을 이루는 자이다. 이런 지휘관이 되기는 결코 쉬운 일이 아니지만, 녹색견장을 달고 있는 지휘관은 그렇게 되어야 한다는 사실을 깊이 인식하고 끊임없이 노력해야 한다.

지휘관은 조직과 부하를 위해 무엇을 해줄 것인가를 먼저 생각하여야 한다. 미국의 위대한 지도자였던 케네디 대통령은 1960년 그의 대통령 취임 연설에서 "국가가 나를 위해 무엇을 해줄 것인가를 생각하지 말고, 내가 국가를 위해 무엇을 할 것인가를 생각하라."라고 말했다. 이 연설은 국민 전체에 대한 당부일 수도 있지만, 자신을 비롯한 각계각층의 지도자 위치에 있는 사람들에게 리더로서 가져야 할 기본자세를 제시한 표현으로 볼 수 있다. 케네디 자신이 대통령으로서의 지위와 권세를 이용하여 개인의 영달을 꾀하기보다는, 혼신을 바쳐 국가를 위해 봉사하겠다는 의지를 밝힌 것이다.

지휘관은 부대의 성패와 부하의 관리에 대한 무한책임을 지고 있는 사람이다. 따라서 지휘관은 아침에 눈을 뜨면서부터 저녁에 잠자리에 드는 시간까지 부대와 부하를 위해 무엇을 할 것인가를 부단히 생각해야 한다. 그리고 이러한 생각은 계급이 올라갈수록 더욱더 필요한 마음가짐이다. '1·2·3·4 이론'이라는 것이 있다. 이는 계급이 올라갈수록 더 크고 넓게 생각하고 행동해야 한다는 것을 의미한다.

지휘관의 행동은 가을하늘처럼 청명하고 투명해야 한다. 청명한 하늘 아래에 있는 모든 세상은 맑고 밝게 빛나는 법이다. 아랫사람들은 윗사람이 하는 것을 보고 배운다. 윗물이 맑아야 아랫물이 맑다는 속담처럼, 자기도 모르는 사이에 직속상관의 잘잘못을 부하가 따라 배운다. 높은 제대의 지휘관일수록 지휘관 한 사람의 과오가 미치는 영향의 폭이 크다는 점을 마음 깊이 인식해야 한다. 지휘관은 부대의 얼굴이며, 부하에게 이정표가 될 수 밖에 없는 것이다.

지휘의 성공적 실행

성공적인 지휘를 원한다면 미래에 발생 가능한 최악의 사태에 대비한 비상계획을 수립해 두어야 한다. 세기의 명장인 나폴레옹은 전장에서 승리의 비결을 이렇게 말하고 있다. "나는 언제나 일하고 있다. 그리고 늘 생각한다. 내가 항상 어떠한 일을 당면했을 때, 당황하지 않고 즉시 처리하는 것은 미리 여러 가지 경우에 대해서 생각해 두었기 때문이다. 다른 사람이 예상조차 할 수 없는 일을 내가 하는 것은 내가 천재이기 때문이 아니라, 평상시에 준비를 해놓은 결과인 것이다. 식사할 때나 혹은 극장에서 오페라를 구경할 때도 머릿속은 늘 움직이고 있다." 일상적인 부대지휘에서도 모든 일이 계획된 대로만 진행되는 것이 아니며, 다양한 형태의 우발사태가 발생하기 십상이다. 때로는 그 우발사태가 최악의 사고일 수도 있다. 그러므로 지휘관은 항상 우발사태에 대한 대비계획, 특히 최악의 사태인 사고발생 가능성을 염두하고 비상계획을 수립해 두어야 한다.

지휘관은 민첩하게 행동하여야 한다. 완전무결한 것을 추구하다가 시기를 놓쳐서는 안 된다는 것을 강조하는 말이다. "쇠는 달구어졌을 때 쳐라."라는 우리나라의 속담처럼 서양에도 이와 유사한 내용의 "햇볕이 났을 때 풀을 말려라."라는 속담이 있다. 모든 일에는 적기(適期)가 있다. 이 시기를 놓치면 아무리 많은 시간과 자원을 투입해도 소용이 없게 되는 일이 많다. 100% 옳은 것을 추구하느라 기회를 잃기보다는 기회가 왔을 때 80%만 옳은 것을 추구하여 변화를 일으키는 것이 더 낫다. 그리고 어느 때가 가장 좋은 시기인지 잘 판단이 되지 않을 경우에는 지금이 바로 그 시기라고 생각하고 즉각 행동으로 옮겨야 한다.

고정관념, 즉 고집이나 아집을 깨고 새로운 사고를 받아 들여야 한다. 물병에 물이 반 쯤 들어 있는 것은 보기에 따라서 반이 차 있는 것으로 볼 수도 있고, 반이 비어 있는 것으로도 볼 수 있다. 벌을 빈 병에 집어넣고 병 입구를 밑으로 두면 벌은 위로만 날아오른다. 아래쪽의 병 입구가 터져 있는 데도 아래로 내려갈 생각을 하지 못하는 벌은 절대 병 밖으로 빠져 나가지 못한다. 그러나 영리한 파리는 밑을 통하여 빠져 나간다. 이 실험은 누구나 한번 해 볼 필요가 있다. 고정관념에 사로잡히지 않고 새로운 시각으로 바라보면 해결책이 보인다. 세상을 다각도로 관찰하고 다양한 방안을 모색하려는 마인드가 중요하다. 고집을 버리고 아집을 깬다는 마음가짐으로 생각을 하게 되면 어려운 문제가 쉽게 해결될 수도 있고, 기존보다 훨씬 더 나은 방안이 나올 수도 있는 것이다.

부대의 업무는 부대원 모두가 적극적으로 동참할 때 달성 가능하다. 아무리 능력이 뛰어나고 훌륭한 사람이라도 집단으로 해야 하는 일을 혼자서는 절대 해낼 수 없다. 지휘관으로서 부대의 임무를 완수하고 일을 성취하는 데 조력을 해줄 사람은 다름 아닌 그 지휘관의 부하들이다. 그래서 지휘관에게 있어서 진정한 자산은 은행계좌의 예금이나 부동산이 아니라 부하인 것이다. 부하가 자신을 적극적으로 돕게 하려면 부하와 의사소통이 되어야 한다. 지휘관이 무엇을 원하는지 알게 하는 것이 무엇보다 중요하며, 지휘관이 원하는 바를 적극적으로 수행하도록 동기부여시키는 것도 매우 중요하다. 부하를 변화시키려면 그들과 소통을 하면서 끊임없이 대화를 해야 한다. 대화거리와 장소를 제공함은 물론, 분위기를 조성하고, 대화중에 나온 내용들은 결과가 명확히 제시될 수 있도록 가시적인 노력을 기울여야 한다. 지휘를 통해 부대가 성공적으로 변화하기 위해서는 무엇보다 지휘관 자신이 먼저 변해야 하고, 이러한 자신의 변화에 부하가 부응해 주어야만 한다.

지휘관은 오직 부대와 부하만을 생각하고 행동하는 것에서 행복감을 느껴야 한다. 어떻게 부대업무를 완수하고, 부대를 발전시키며, 부대를 강하게 만들 것인가 고민해야 한다. 그리고 부하를 위해 해줄 수 있는 일이 무엇인지 항상 생각해야 한다. 이런 생각은 아침에 눈을 뜨면서부터 저녁에 눈을 감을 때까지 계속되어야 한다. 심지어는 꿈속에서도 부대와 부하에 대해서 생각을 할 정도가 되어야 한다. 지성이면 감천이라고 했다. 부대와 부하를 통해 행복감을 느끼는 지휘관이 지휘하는 부대는 매사에 승리하지 않을 수 없는 것이다.

리더의 조건

헤이즈(美 경영협회장)

1. 부하위주로 생각하라.
2. 요망사항과 수준을 분명히 말하라.
3. 잘 들어 줘라. 경청하는 습관을 가져라.
4. 문턱을 낮추라.
5. 참고 기다릴 수 있어야 한다.
6. 약속을 지켜라.
7. 지시만 하지 말고, 해결하는 방법과 과정을 눈여겨 부라.
8. 진실을 말하라.
9. 아이디어나 실적에 대한 평가는 즉시 시행하여 자부심을 갖게 하라.

군 리더의 철학

군 생활은 바로 내가 주인공이다

지휘관은 주인의식을 가져야 한다. 부대를 지휘하는 데 있어서 매사에 '나부터, 지금부터'라는 자세를 견지하여야 한다. 수처작주(隨處作主, 원래는 수처작주 입처개진, 隨處作主 立處皆眞)라는 말이 있다. 중국 당나라의 선승인 임제 선사가 남긴 선어(禪語)인데, 언제 어디서 무엇을 하든 항상 주인의식을 갖고 행동하라는 뜻이다. 현 직책에 감사하고, 주어진 권한과 책임을 분명하게 행사해야 한다. 부여된 권한을 적극적으로 활용하여 지휘를 하되, 발생되는 문제에 대해서는 지휘관이 책임진다는 당당한 자세를 보여야 한다.

지휘관은 주인의식과 더불어 매사에 솔선수범해야 한다. 주인의식을 갖고 솔선수범해야 할 가장 첫 번째 사항은 조직의 기강을 확립하는 일이다. 기강확립을 위한 솔선수범은 개인(私)보다는 공익(公)을, 공익보다는 군(軍)을, 군보다는 국가(國家)를 더 우선하는 차원에서 이뤄져야 한다. 임진왜란의 영웅인 이순신 장군은 부하를 남달리 사랑했고 부하들과 동고동락했던 인물로 널리 알려져 있다. 그러나 이순신 장군도 전장에서 군무를 이탈한 수군 황옥천을 잡아다가 가차 없이 목을 베었다. 사사로운 정에 얽매이지 않고 대의를 세우는 이순신 장군의 공사 구분 정신과 준법정신을 알 수 있는 일화이다. 높은 계급일수록 공익을 앞세운 가운데 대의를 위해 솔선수범해야 한다.

지휘관은 법과 규정을 정확히 알고, 철저히 준수해야 한다. 필수적인 법규와 규정을 정확히 알고 실천하는 것을 습성화하여야 한다. 몰라서 규정을 어긴 것도 면책사유가 될 수 없다. 조금만 관심을 가지면 알 수 있는 부대의 규정과 법규를 모르고 있다는 것 그 자체가 죄악이다. 집단생활을 하는 사람은 집단이 채택하고 있는 법규, 규정, 규범, 관습을 적극적으로 파악해서 알아야 할 의무가 있다. 그리고 상관의 지시는 법이나 규정에 준하며, 이를 최우선으로 이행한다는 자세로 실천해야 한다. 물론 불합리하거나 규정에 위배되는 지시를 하는 상관이 있다면 이 자체가 위규라고 볼 수 있다.

업무추진에 있어 반드시 성과를 달성시키는 자세를 습성화해야 한다. 열심히 했으니까, 정성을 보였으니까 결과가 잘 나오지 않더라도 어느 정도 봐 주겠지라는 식의 자세로 일을 하면 안 된다. 임무가 부여되면 그 임무를 달성할 수 있는 길이 무엇이며, 어떤 방식으로 일을 해야 결과가 확실하게 나올 것인가를 생각하여 일을 준비하고 시행해야 한다. 지상 명제는 처음부터 끝까지 결과가 나오게 일을 하라는 것이다.

전투준비, 교육훈련, 장비·물자·시설 관리, 선진 병영 육성, 예산집행, 부조리 척결 등 모든 부문에서 부대를 정확히 평가하고, 끊임없이 변화와 발전을 시도해야 한다. 현재의 결과에 만족하지 말고 미래의 분야별 목표와 추진과업을 명확히 설정해야 한다. 내실있는 사업계획 수립과 강력한 추진만이 나를 군생활의 주인공으로 만든다.

부하와 부대가 성취감을 갖도록 유도하되, 신상필벌은 분명히 시행되도록 해야 한다. 임무를 완수하고, 소기의 성과를 거두면 일한 보람을 느끼고 성취감을 갖게 된다. 부하가 성취감을 느끼면 사기가 저절로 올라가고 자신감이 살아난다. 또한 부대에 대한 자부심과 자신에 대한 긍정적인 마인드도 충만하게 된다. 일이 끝나면 공정하게 논공행상을 하여 공이 있는 부하에게는 반드시 상을 주어야 한다. 상은 가용한 범위에서 표창이나 공로 휴가, 조그만 선물 등으로 할 수도 있고, 물질적 자원이 제한되면 칭찬으로도 상을 줄 수 있다.

'죄송합니다.'라는 말은 절대 하지도 말고 듣지도 마라

"감사합니다."와 "죄송합니다." 이 두 가지 말만 잘하면 대인관계에서 문제가 생기지 않는다고 했다. 사회를 평화롭게 만들고, 조직의 분위기를 부드럽게 해주는 것이 바로 이 두 마디의 말이다. 다른 사람에게서 조금이라도 도움을 받았을 때 "감사합니다."로 감사의 표시를 하고, 상대방이 누구든 조금이라도 불편하게 만들었을 때 "죄송합니다."로 미안한 마음을 전달한다면 서로 화를 내고 다툴 일이 없을 것이다.

그러나 이것은 일상생활에서의 이야기이다. 조직생활에서 업무수행과 관련해서는 기본적으로 "죄송합니다."는 말은 부적합한 말이다. 부여된 임무는 완수하는 것이 기본이고, 그것도 완벽한 수준으로 이행해야 하기 때문에 여기에서는 "죄송합니다."라는 말이 끼어들 여지가 없다는 뜻이다. 나폴레옹의 사전에 '불가능'이라는 단어가 없다면, 적과 싸워서 이겨야 하는 임무를 갖고 있는 군인의 사전에는 "죄송합니다."라는 단어는 없어야 한다. 부여된 임무를 완수하지 못하고 "죄송합니다."라고 말한다 해서 책임이 면제되는 것은 아니다. 사자가 조그만 쥐를 잡을 때도 혼신의 힘을 다하듯, 일을 할 때는 사소한 분야라도 역량을 최대한 집중하여 반드시 성사시키겠다는 자세를 견지해야 한다.

변명거리를 만들지 말아야 한다. 심리학 용어 중 '변명거리 만들기'(self handicapping)라는 말이 있다. 실패할 것에 대비하여 미리 변명거리를 만들어 둠으로써 실패에 대한 책임감에서 벗어나겠다는 인간심리를 말한다. 예를 들면, 어떤 학생이 중요한 시험이 있기 바로 전날 친구들과 파티에 참석했다. 시험점수가 낮게 나오면 그 파티에 갔기 때문에 공부할 시간이 없었다는 식의 실패에 대한 구실을 마련하기 위한 것이다. 이러한 변명거리는 자신의 상처받은 마음에 위안을 주기는 하겠지만, 시험에 실패한 것을 되돌려 주는 것은 아니다. 변명거리를 만드는 시간에 공부를 조금이라도 더 하는 것이 현명한 처사이다.

사전에 잘하는 것이 최선의 방법이다. 잘못하여 문제가 불거지고 나서 죄송하다고 말하는 것은 아무런 의미가 없다. "죄송합니다."라는 말을 해야 할 상황을 만들지 않으면 된다. 인명사고, 보안사고, 대민 물의사고 등 제반 사고가 발생하지 않도록 사전에 철저히 대비함으로써 상급 지휘관과 부하에게 떳떳할 수 있어야 한다.

죄송하다는 말은 자신의 행동이 잘못되었음을 인정하는 말이다. 만약 정말로 일을 잘못한 것이 있다면, 애매모호한 책임 회피성의 "죄송합니다."를 연발할 것이 아니라, 구체적으로 "지금 무엇 무엇이 잘못되었음을 깨달았고, 향후 이와 같은 실수를 예방하기 위해 이렇게 하겠습니다."라고 말해야 한다. 사전에 잘하는 것이 최선이며, 일이 잘못되었을 경우에는 잘못의 구체적인 내용과 차후 대비책을 말하는 것이 차선이다.

"죄송합니다."라는 말은 자신도 모르게 스스로를 나약하게 만든다. 또한 죄송하다는 말이 반복되면 상관, 동료, 부하 모두에게 무능하다는 인상을 주게 될 뿐만 아니라, 자신감이 저하되고 심리가 위축된다. 당당하고 자신감 있는 지휘관이 되고자 한다면 이런 말이 나오지 않도록 사전에 철저히 업무를 수행한다는 마음자세를 견지해야 한다.

준비하는 자만이 승리한다

"평화를 원하거든 전쟁을 준비하라(Si vis pacem, para bellum)." 라고 했다. 4세기경 로마의 유명한 전략가였던 베제티우스(Vegetius)의 말이다. 원하는 목표가 있으면 사전에 준비를 해놓아야 한다. 준비가 되지 않은 상태에서 무엇이 될 수 있겠는가? 선조가 이율곡의 10만 양병설에 귀를 기울이고 대비를 했다면 임진왜란도 초기에 쉽게 극복했을 것이다. 미래에 대한 철저한 준비는 지휘관의 사명이자 생명이다.

권모술수(權謀術數)와 정글의 법칙이 난무하는 세상에서의 생존 원리는 준비성이다. 준비가 되었다고 반드시 기회가 오는 것은 아니지만, 기회가 왔을 때 준비되지 않은 사람은 그 기회를 잡을 수 없다. 그러므로 준비된 자에게만 기회가 온다. 역사는 준비된 자의 것이고, 지휘관이 발휘하는 리더십은 얼마만큼 준비했느냐가 그 질과 수준을 결정한다.

준비에는 단계가 필요하다. 제1단계는 부대가 요망하는 최종상태, 즉 목표를 설정하는 것이다. 준비는 목표가 설정되었을 때부터 시작되는 것으로서 부대 활동의 시발점이 되는 목표, 즉 비전이 없으면 지휘관으로서 군생활의 미래는 없다.

제2단계는 지휘관 및 참모에게 필요한 것이 무엇인지 확인하고 준비하는 것이다. 준비의 기본적인 사항은 항상 A안(기본계획), B안(예비계획), C안(우발계획)을 모두 준비하는 것이다. 완벽한 준비란 먼저 상황을 판단하고 다음으로 미래를 예측하는 것이다. 정확한 예측에 입각하여 준비하는 자만이 불필요한 노력의 낭비, 즉 공회전을 없앨 수 있다. 이를 위한 2단계의 준비는 다시 다음 4가지 순서에 의해 이루어져야 한다. 첫째, 자료수집 및 정리, 둘째, 계획 작성 및 하달, 셋째, 반복 연습 및 숙달, 넷째, 적용이 그것이다.

예비계획과 우발계획은 같은 유형의 실패 사례를 수집하여 실패 확률을 줄여나가는 방법이다. 이런 과정들이 설정된 목표에 견실하게 다가가는 길이다. 그리고 전쟁이란 기계화된 작전계획대로 되지 않는 것이 상황이라는 기본전제가 계속 유동적이기 때문이다. 따라서 예비계획, 우발계획 등을 만드는 연습도 평상시 숙달시켜두어야 한다.

전략적인 준비를 해야 한다. 이는 시스템적으로 미래를 대비하는 방법으로서 미래 경영 분야의 국제적 권위자인 페로 미킥(Pero Micic)의 최근 저서 「프리즘-미래를 읽는 5가지 안경」의 내용을 참고할 만하다. 미킥은 복잡하고 불확실한 미래를 정확하게 예측하고 효과적인 대책을 마련하기 위한 방법으로 5가지 종류의 안경을 사용하라고 한다. 제1단계는 '푸른 안경'으로 앞으로 일어날 가능성이 있는 모든 일을 찾아보는 것이다. 제2단계는 1단계에서 찾아낸 문제들을 비교 평가하여 그 중에서 일어날 가능성이 가장 높은 문제를 '초록 안경'으로 선별하는 것이다. 3단계는 2단계에서 선별된 문제를 '노란 안경'으로 구체화하는 것이다. 이것이 앞서 말한 부대 활동의 시발점이 되는 구체적 목표를 설정하는 것이다. 4단계는 '붉은 안경'으로 예기치 못한 돌발 사태나 위험 상황에 대한 대비책을 강구하는 것이다. 앞서 말한 예비계획, 우발계획, 리스크 관리인 것이다. 마지막 5단계는 '보라

안경'으로 지금까지의 상황을 종합하여 최종적으로 실행계획을 수립하는 것이다.

부대의 일을 위해 항상 묵상하고, 심사숙고하는 시간을 가져야 한다. 그러면 누구나 나폴레옹과 같은 유능한 지휘관에 근접할 수 있을 것이라 믿는다. 나폴레옹은 "내가 철저한 예방조치를 취하는 이유는 적에게 어떤 기회도 남겨 놓지 않겠다는 내 습관 때문이다."라고 말하였다.

부드러운 것이 강한 것이다

갈대는 강풍에 흔들리지만 부러지지 않는다. 동양의 리더십 고전인 삼략(三略)에 "유능제강 약능제강(柔能制剛 弱能制强)"이라고 하였다. 부드러운 것이 단단한 것을 이기고, 약한 것이 강한 것을 이긴다는 말이다. 무언가 비논리적인 것처럼 들리는 말이다. 어떻게 하여 약한 것이 강한 것을 이긴다는 말인가. 그 해답은 이렇다. "유자덕야 강자적야, 약자인지소조 강자인지소공"(柔者德也 剛者賊也, 弱者人之所助 强者人之所攻)이다. 부드러운 것은 덕이 있는 것으로 보이고 강한 것은 사람들에게 위협적인 것으로 비친다. 그래서 약한 사람은 다른 사람들이 동정하여 도와주고, 강한 사람은 다른 사람의 공격 표적이 되기 때문이라는 것이다.

말도 부드러운 말은 상대방의 마음속으로 녹아 들어가나, 강한 말은 남의 심장을 찌르고 거부감을 불러일으킨다. 강압은 상대방의 거부감을 불러일으키지만, 관대함은 상대방의 진정한 복종을 가져온다. 이런 내용은 설사 고급장교 때 잘 알게 되어도 실천하기란 쉽지 않다. 필자의 경험으로는 산전수전을 겪어가면서 공감하게 되는 삶의 진리라고 생각된다.

중국의 삼국시대에 촉나라의 명재상인 제갈량이 남만(지금의 베트남)을 정복할 때의 일이다. 막강한 촉나라 군대는 남만의 군대를 즉시 격파하고 그 장수인 맹획을 사로잡았다. 제갈량은 맹획에게 항복을 종용했다. 맹획은 부하의 사소한 잘못 때문에 자신이 잡힌 것이지, 자신이 부족하여 잡힌 것이 아니므로 항복할 수 없다고 하였다. 그러자 제갈량이 그러면 이번에는 놓아줄 터이니 다음에 다시 싸워서 잡히면 항복하겠느냐고 물었다. 맹획은 그렇게 하겠다고 약속했다. 다음 전투에서 맹획이 다시 사로잡혔다. 그러나 이번에도 이런저런 이유를 대면서 항복하지 않았다. 제갈량은 그를 다시 놓아주었다. 이러기를 일곱 차례나 하였다. 일곱 번째 사로잡히자 맹획은 제갈량에게 진심으로 항복할 것을 맹세하였다. 여기에서 칠종칠금(七縱七擒)이라는 고사성어가 나온 것이다. 제갈량은 강압으로 굴복을 받는 경우 촉나라 군사가 회군하면 맹획이 그 즉시 배반을 할 것임을 잘 알고 있었기 때문에 관용을 베풀어 맹획으로 하여금 진정으로 복종하게 만든 것이다.

껍데기가 부드러우면 강한 내부를 보호한다. 껍데기가 강하면 부드러운 내부는 더 심하게 흔들린다. 껍데기가 강하고 내부도 강하면 부서진다. 부드러움은 한 발 물러서는 용기이고, 어떤 것도 수용할 수 있는 완충력이다. 지휘관의 부드러움 속에는 용수철의 탄성계수처럼 강력한 탄력이 잠재되어 있다.

길가는 사람의 외투를 벗길 수 있는 것은 차고 거센 바람이 아니라 따뜻한 햇볕이다. 찬바람이 거셀수록 그 사람은 외투를 더 단단히 여민다. 따뜻한 햇볕이 내려 쬐면 그 사람은 스스로 외투를 벗게 된다. 부하들의 마음을 움직이는 것은 강압과 호통이 아니라 따뜻한 관심과 배려이다.

손자병법에도 "장수가 평소에 부하를 자식같이 대하면 부하는 그 덕에 감동하여 천 길 낭떠러지의 계곡으로 뛰어내리는 것과 같은 위험한 일에서도 행동을 같이 하며, 평소에 부하를 자식처럼 사랑하면 위기에 직면했을 때 부하들이 용감하게 장수와 생사를 같이 한다."라고 하였다. 제2차 세계대전의 명장 마샬 장군도 "따뜻하고 관대한 품성은 규율이나 통제를 필요로 하지 않는다. 성공적인 지휘관은 골육지정으로 지휘 통솔한다."라고 하였다. 지휘관의 힘은 완력에서 나오는 것이 아니라 부드러움에서 나오는 것이다.

걸림돌을 디딤돌로 만들자!

삶의 여정에는 수많은 걸림돌과 디딤돌이 있다. 걸림돌은 우리를 걸려 넘어지게 만드는 돌이고 디딤돌은 우리가 딛고 올라설 수 있게 해주는 돌이다. 그래서 걸림돌이 나오면 무조건 피해 가려고 한다. 그런데 잘 살펴보면 어떤 사람에게는 걸림돌인 것이 다른 사람에게는 디딤돌이 되고, 또 그와 정반대가 되기도 한다. 그렇다면 모든 돌은 걸림돌도 될 수도 있고 디딤돌도 될 수도 있다는 말이다.

〈짚신장수와 우산장수〉라는 옛날이야기가 있다. 두 아들을 둔 어머니가 있었다. 큰아들은 짚신장수이고 작은아들은 우산장수였다. 이 어머니는 비가 오는 날이면 짚신이 팔리지 않으니까 큰아들을 걱정하고, 날이 맑으면 우산이 팔리지 않으니까 작은 아들을 걱정하였다. 이러다 보니 이 어머니는 하루도 근심 걱정이 없는 날이 없었다. 그 때 지혜있는 이웃 사람이 조언을 해 주었다. 비오는 날에는 우산이 잘 팔릴테니 작은 아들이 좋고, 맑은 날에는 짚신이 잘 팔릴 테니 큰아들이 좋을 거라고. 이 말을 들은 후부터 그 어머니는 매일 행복한 마음으로 살았다는 이야기이다.

결국 걸림돌을 디딤돌로 만드는 방법은 마음가짐에 있는 것이다. 길을 가다가 앞에 돌이 나타났다. 이것이 걸림돌일까, 디딤돌일까? 그 돌에 걸려 넘어지는 사람에게는 그것이 걸림돌이고, 그 돌을 딛고 도약하는 데 활용한 사람에게는 디딤돌이 된다. 그래서 모든 돌은 걸림돌도 되고 디딤돌도 되는 것이다. 다만 약자에게는 걸림돌이 되고, 강자에게는 디딤돌이 된다.

도밍고, 파바로티와 함께 세계 3대 테너 가수로 유명한 호세 카레라스가 가수로서 승승장구하던 중 1987년에 급성 백혈병에 걸렸다. 의사로부터 "이제는 끝이다."라는 진단을 받은 그는 절망에 빠졌다. 그러나 그는 병마를 이기고 1년 반 후에 다시 무대에 섰다. 그러면서 자신의 고향인 바르셀로나에 호세 카레라스 국제백혈병재단을 설립하였고, 이 사업이 자신의 제2의 인생임을 천명하였다. 걸림돌을 디딤돌로 바꾸어 많은 백혈병 환자들에게 생명과 희망을 안겨준 것이다.

지휘통솔의 핵심은 불리한 상황을 유리하게 만드는 것이다. 걸림돌을 디딤돌로 바꾸는 능력이다. "막는 것 산이거든, 무느곤(무너뜨리고) 못 가랴."라는 어느 고등학교의 교가 구절이 있다. 지휘관의 지혜와 부단한 노력이 상황의 반전을 가능하게 한다. 인간만사 새옹지마(塞翁之馬)라는 말이 있지 않은가? 좋은 일 후에 나쁜 일이, 그리고 나쁜 일 후에 좋은 일이 이끌려 나올 수 있다는 이야기이다. 유능한 지휘관은 새옹지마의 운명에 자신을 맡기는 것이 아니라 좋은 일은 더 좋은 일로, 나쁜 일은 그것을 계기로 좋은 일로 만들어 가는 것이다.

미국의 유명한 희망 전도사인 로버트 슐러(Robert H. Schuller) 목사는 걸림돌에 관하여 보다 더 적극적인 견해를 말한다. 모든 장애물이 더 큰 발전을 가져오게 하는 기회라는 것을 명심하고 장애물을 오히려 적극적으로 찾자고 권한다. 담금질은 쇠를 더 단단하게 만들어주고, 시련은 보통 사람을 위인으로 만들어준다. 그대 앞의 많은 장애물은 그대를 더 높은 결승점으로 이끌어 줄 것이다.

꿈꾸는 사람에게 불가능은 없다

리더의 꿈과 열정, 그리고 이러한 꿈을 실현시키고자 하는 결단은 조직을 발전시키고 사회를 진보시키는 원동력이 된다. 리더의 열정은 반대하던 부하들도 리더의 결단에 따르게 만들며, 나아가 더 높은 목표를 갖게 만들고, 더 큰 성과를 달성하게 만든다. 에베레스트 정상에 도전하는 사람들의 특징은 열정, 믿음, 결단, 인내로 요약된다고 한다.

미국 산업의 혁신가이며 자동차 왕인 헨리 포드는 1914년 근로자의 일당을 2.34달러에서 5달러로 대폭 인상하고 노동 시간을 하루 9시간에서 8시간으로 줄인다는 정책을 선언했다. 포드가 이런 파격적인 정책을 구상하게 된 배경은 저임금의 노동자들에게 가난이라는 틀에 박힌 삶에서 벗어나, 중산계층의 삶을 영위할 수 있도록 만들어 주어야 한다는 그의 평소 생각이었다. 이런 생각은 스스로를 항상 아일랜드 출신 농부의 아들이자 노동자라고 공언했고, 술과 담배, 사치를 멀리했으며, 금융 소득으로 살아가는 사람들을 경멸했던 그의 평소 가치관에서 나온 것이었다. 포드의 이러한 파격적인 정책에 대해 회사 내의 간부들은 회사의 파산을 가져올 정책이라고 반대했고, 경쟁 회사들은 산업의 자살, 사업의 파괴 행위라고 비난했다.

그러나 그 이후 포드 회사의 노동자들은 근로 의욕이 증가하여 생산성이 높아졌고, 포드사는 타 회사의 추종을 불허하는 최고의 자동차 회사로 그 지위를 굳혔다. 사회경제적 차원에서도 포드 회사 노동자의 임금 상승은 이들의 구매력 증가를 가져왔고, 이것은 다시 다른 산업의 구매력을 높였으며, 그 결과 다른 산업의 근로자들의 임금을 인상하게 만드는 연쇄효과를 가져왔다. 헨리 포드의 이 '복지 자본주의' 정책은 미국 경제에서 블루칼라 중산층의 등장을 가져오게 했고, 이들이 제2차 세계대전 이후 1970년대까지 꾸준히 미국의 경제 성장을 이끌어 온 동력원이었다.

조직에서 부하를 쓸모 있는 사람으로 변화시킬 수 있는 사람은 오로시 지휘관 자신임을 알아야 한다. 어느 것도 나를 멈추게 하지 못한다는 정신력을 갖는 것이 필요하다. 일을 추진함에 있어 목표, 명분, 가치부여는 발전을 위한 선결 요소이다. 포드 회사의 예로 다시 돌아가 보면, 임금 인상을 위한 회의를 하는데 중역들이 모여 격론이 벌어졌다. 한 중역이 칠판에 3달러라고 적었다. 2.34달러에서 0.66달러를 인상한 것이다. 포드는 고개를 가로저었다. 3달러 50센트, 3달러 75센트, 4달러, 마침내 4달러 50센트까지 올라갔지만 포드는 여전히 고개를 가로저었다. 드디어 5달러가 칠판에 적혀졌다. 포드는 "됐소. 근로자 일당은 5달러요. 내일부터 즉각 시행합니다."라고 했다. 모든 중역들은 회사가 파산할 것이라고 반발했다. 그러나 포드는 자신의 '복지 자본주의'에 대한 굳은 신념을 갖고 자신의 생각을 밀고 나갔다. 포드의 목표, 명분, 가치는 결국 부하들의 동의를 이끌어 내는데 성공했다.

성공적인 부대 지휘는 가치 있는 일에 대하여 믿음을 확고히 하고, 이를 인내심을 갖고 구현하는 것에서 시작된다. 부하들에게 가치 있는 변화를 긍정적으로 받아들이도록 하는 훈련을 시켜야 한다. 도태되는 조직은 변화를 싫어하고 두려워하는 조직이다. 그리고 실패한 사람은 쉽게 포기하는 사람이며, 성공한 사람은 현명하게 참을 수 있는 사람이다. 불가능이란 실패한 사람들의 변명일 뿐이다

큰 꿈을 이루려면 먼저 행동하라

"생각하면 행동하라!" 이것은 필자의 행동 철학이기도 하다. 생각만 하고 행동을 미루면 처음에 가졌던 굳은 의지가 점차 약해진다. 완전무결한 계획보다 철저한 실천이 더 많은 실적을 올리게 한다. 일본의 노무라 홀딩스 증권회사의 CEO인 와타나베 겐이치는 스피드를 경영의 키워드로 삼고 있다. "1시간 걸려서 100점을 받는 것보다 10분에 60점을 받는 것이 더 낫다. 10분에 60점이면 1시간에 360점이다. 그러니 100점의 3.6배나 된다. 실패는 용서할 수 있지만, 시도조차 하지 않는 것은 용서할 수 없다."라는 것이 그의 경영철학이다. 계획이 있으면 즉각 그 계획을 실천에 옮기는 행동으로 들어가라는 것이다.

강한 자, 재빠른 자가 승리하는 것이 아니다. "나는 할 수 있다!"라는 생각으로 먼저 행동하는 자가 결국 승리한다. 낙관적인 견해를 갖는 습관은 꿈의 실현 속도를 배가시킨다. 나폴레옹은 "어떤 상황에서도 사람이 확실하게 지배할 수 있는 단 한 가지는 그 상황에 대한 자신의 반응이다. 모든 상황에서 낙관적인 생각을 갖는 습관을 들이면 당신의 모든 말과 행동으로 좋은 결과를 만들 수 있다."라고 하였다.

어떤 상황이나 사람을 만나도 긍정적이고 낙관적인 생각으로 행동하고 반응할 수 있도록 자신을 훈련하는 것이 좋다. 마음의 눈을 통해 주어진 상황의 긍정적인 결과를 그려봄으로써 목표하는 것이 이루어진다는 생각을 갖도록 해야 한다. 하지만 이렇게 하는 것이 결코 쉬운 일은 아니다. 세익스피어는 "미덕을 지니지 못했으면 그것이 있는 것처럼 가장하라."라고 했다. 미국의 유명한 심리학자인 윌리엄 제임스는 "어떤 자질을 원하거든 마치 그것을 갖고 있는 것처럼 행동하라. 마치 그런 것처럼 하는 테크닉을 시도해보라."라고 했다. 미국의 작가인 찰스 가필드는 "최고의 성취자들은 어떤 상황에 대해서도 그것을 자기가 원하는 방식으로 바꾸어 놓을 수 있다는 태도로 접근한다. 그들은 자신을 믿는 것이다."라고 했다. 이 모든 명언들이 낙관적인 생각을 하는 습관을 기르는 방법을 제시한 것이다.

꿈을 꼭 이룰 수 있다는 자신감을 갖고 행동으로 옮기려 노력하면 매사에 용기가 생길 뿐만 아니라 좌절감도 없앨 수 있다. 역으로 이러한 용기는 좌절감을 자신감으로 바꾸는 힘이 된다. 당랑거철(螳螂拒轍)이라는 말이 있다. 춘추 시대 제나라 장공이 수레를 타고 가는데 사마귀가 앞발을 치켜들고 수레를 가로막고 있는 것이다. 수레가 지나가면 바퀴에 깔려 흔적도 없이 죽을 미물이 겁도 없이 덤벼드는 것이다. 장공이 그 사마귀를 보며, "저 벌레가 인간이면 틀림없이 천하무적의 용사가 되었을 것이다."라며 수레를 돌려 피해갔다는 일화에서 나온 것이다. 때로는 이것이 만용을 표현하는 말로도 인용되지만, 만용에 가까운 이런 용기가 사태를 바꾸는 힘이 되기도 한다.

자신에 대한 의심을 자신감으로 바꾸는 습관이 몸에 배도록 스스로 부단히 갈고 닦으려고 노력해야 한다. 꿈은 실천해야 이루어지는 것이다. 실천하지 않았는데 꿈이 이루어질 수는 없다. 시작하기도 전에 실패할 것에 대해 생각할 필요는 없다. 실패에 대한 불안감이 자신감과 용기를 위축시킨다. 두려움을 무릅쓰고 일단 행동으로 시작하면 두려움은 사라지게 된다. 사람에게는 자신도 모르는 용기와 배짱이 잠재되어 있다. 행동하면 그 잠재되었던 용기와 배짱이 살아나게 되고, 일이 진행되면 용기는 더욱 커지는 반면에 두려움과 불안은 반비례해서 작아진다. 용기와 행동은 꿈을 현실로 만들어 내는 모체이다.

> 인생을 한마디로 정의해야 한다면 이렇게 될 것이다. 인생은 창조(創造)이다.
>
> – C. 베르나르 –

3
통솔법

동맥과 정맥이 힘차게 계속 뛰는 조직

지휘관은 부대를 시스템에 의하여 업무가 추진되는 조직, 지휘조직과 참모 조직이 동시에 가동되는 조직, 부사관과 분대장이 함께 뛰는 조직으로 만들어야 한다.

기계 시스템은 접촉선 중 어느 한 곳만 단절되어도 작동되지 않는다. 이로 인해 기계는 고장이 난 곳을 즉각 파악할 수 있다. 이처럼 고장 난 부분을 즉각적으로 파악이 가능하도록 업무 채널을 기계적 시스템과 같은 것으로 구성해 놓아야 한다. 조직체는 많은 인원과 부서로 구성된 시스템이기 때문에 각 인원과 부서가 제 자리에서 제 몫을 다할 때 조직은 효과적으로 작동한다. 어느 한 부서라도 역할을 하지 못하면 조직의 유효성은 떨어진다. 따라서 고장 난 부서가 생겼을 때 이를 즉각 발견할 수 있는 장치가 마련되어 있어야 한다.

그러한 장치 중의 하나가 보고체계의 확립이다. 일상적인 업무 이외의 모든 상황은 지휘관에게 10분 이내에 보고되도록 해야 한다. 즉각보고체계 확립을 위해 모든 구성원의 휴대폰은 24시간 대기하는 것을 생활화해야 하고, 지휘관에게 가감 없이 보고되어야 한다. 상황에 대한 평가와 조치의 결심은 보고자의 의견을 참고하여 지휘관이 판단하는 것이다.

지휘관 또는 참모만 열심인 부대는 결실이 없고 힘들기만 한 부대가 된다. 어떤 부서 인원들은 밤샘 근무를 하는 반면, 다른 부서 인원들은 손을 놓고 있어도 되는 조직은 업무 편성이 잘못된 조직이다. 조직의 일은 어느 한 부서의 노력으로만 되는 것이 아니다. 필요하기 때문에 그 부서가 만들어진 것이므로 직무분석과 같은 방법을 활용하여 부서 간의 업무를 정밀하게 분담해 놓아야 한다.

조직은 모든 구성원들이 동참의식을 갖고 조직의 일에 적극 참여할 때 일도 잘 되고 일할 맛도 나게 된다. 동맥과 정맥이 모두 힘차게 뛰는 조직을 만들어 놓으면 일을 잘 하자는 분위기가 조성된다. 대화와 토의를 통해 같이 결정하고 함께 행동하는 의사소통이 활성화되면 동참의식도 증가된다. 합리적으로 부대를 운영하면 불평불만이 없어지고 맡은 일에 대한 책임감이 증가한다. 지휘관이 멸사봉공의 정신으로 솔선수범하면 부하들의 애대심이 증가한다. 부대원의 동참의식, 책임감, 애대심이 증가하면 부대 일에 적극적으로 참여하게 된다.

부사관과 분대장이 자신감을 갖고 적극적으로 활동하게 만들어야 한다. 부사관의 활동은 지휘관의 활용도에 따라 결정되는데, 부사관의 업무는 구체적이고 가시적인 활동들이어야 한다. 그렇게 되기 위해서는 6하 원칙에 의거하여 임무를 부여하고, 부여할 과제가 결정되면 요망 목표와 수준을 설정하여 로드맵을 제시해야 한다. 그런 다음 결과보고를 받고 다시 재확인보고를 받는 절차를 준수해야 한다.

분대장은 준(準)부사관으로 활용하는 것이 좋다. 분대장은 병사들의 세계를 가장 직접적이고 자세하게 파악하고 있으며, 내무실의 최고 책임자이기 때문에 악폐습 근절의 핵심 역할을 할 수 있다. 분대장은 내무생활에 있어서 가장(家長)의 역할을 담당하는 존재이다.

시스템이 강한 조직이 곧 강한 부대가 된다. 모든 부서가 빠짐없이 가동되고, 모든 구성원이 자신의 역할에 대하여 가치와 보람을 갖고 부대 일에 적극 동참할 때 부대가 승리하게 된다.

에코 시스템(Echo System)이 필요한 부대

메아리 없는 아우성은 의미가 없다. 한쪽에서 말을 꺼내면, 상대방의 응답이 있어야 대화가 이루어진다. 집단은 구성원들 간에 상호작용이 활발해야 살아 있는 조직체가 된다. 상호작용이란 주고받는 것이다. 위에서 아래로, 또 아래에서 위로, 인접 부서 사이에 서로 주고받는 활동이 활발한 집단이 활기가 있고 발전성이 있다.

부대 지휘에서도 마찬가지이다. 명령이나 지시가 하달되었으면 전달 여부와 시행 결과가 복명되어 올라와야 한다. 우리나라의 전통 예절에도 "외출하기 전에 부모님께 행선지를 고하고, 돌아와서는 반드시 귀가했음을 뵙고 말씀드려야 한다(출필고 반필면, 出必告 反必面)."라고 했다. 부대의 많은 지시는 정확하게 해당 부서나 인원에게 전달되도록 하고, 지휘관의 결재나 전결이 난 지시는 시행 후에 반드시 종결보고가 이루어지도록 하는 피드백 시스템이 가동되도록 해야 한다.

지휘관의 결재가 난 지시사항이 묵살되거나 사문화(死文化)가 되게 방치한다든가, 시행까지 이루어졌지만 지휘관에게 종결보고 없이 자체 종결되는 일이 일어나도록 해서는 안 된다.

1단계 하급제대 지휘관은 상급부대의 주요 지시사항에 대하여 반드시 에코 시스템이 적용되도록 해야 한다. 예를 들어 주요한 과제나 시급한 과제는 시행결과를 즉각 유선보고토록 하고, 보통의 시간을 요하는 과제는 시행 후 정상적으로 지휘보고가 이루어지도록 해야 한다. 하달된 지시사항에 대한 결과가 없고, 반응이 없어도 그냥 넘어갈 지시는 안하는 것이 더 좋다.

에코 시스템은 전방위적이어야 한다. 상부에서 내려간 지시는 하부에 전달된 후 반드시 이행 결과보고가 상부로 되돌아 와야 한다. 마찬가지로 하부에서 상신된 건의사항은 상부로 보고된 다음 반드시 조치결과가 하부로 내려가야 한다. 인접부서에서 전파된 협조사항은 협조결과를 반드시 통보해 주어야 한다. 이와 같이 사통팔달의 상호작용이 이루어지는 부대는 정보소통과 의사소통에서 막히는 것이 없다. 막히는 곳이 없으니 부대활동이 활발하고 기력이 넘치게 된다.

어려운 일도 즐거운 마음으로 할 수 있는 조직을 만들어라

어려운 일이라도 마음이 동하면 즐겁게 할 수 있다. 자발적인 동기가 일어나면 하는 일이 힘들게 느껴지지 않는다. 임무를 부여할 때는 동기유발을 위해 심리적인 면을 백분 활용해야 한다. 일의 성격과 상황에 따라서 기계적으로 임무를 부여할 수도 있고, 심리적으로 임무를 부여할 수도 있다.

기계적 임무부여는 조직의 상부에서 주도해서 시작하는 것이다. 즉 상부에서 비전을 만들고, 계획을 세우며, 작업을 할당하는 것이다. 이는 정보와 자원을 제공하고 장애를 극복해 나가는 과정이 중심이 되는 임무이다. 이런 임무는 통상 조직의 목표와 일치하는 방향으로 권한을 위임하는 것이 좋다.

심리적 임무부여는 구성원이 갖고 있는 개발적 욕구에 대한 인식에서부터 시작하는 것으로, 구성원의 자발성을 자극하는 것이다. 사람은 자기가 좋아하는 것, 자기가 잘 하는 것을 할 때 자발적인 동기가 유발된다. 다양한 심리적 메커니즘을 동원하여 자발성을 자극해야 한다. 자기 효능감을 가지고 잘 할 수 있다는 확신을 키워나갈 때 사람들은 능동적으로 임무에 임하게 된다.

여럿이 같이 하면 어려운 일도 쉽게 할 수 있다. 그것은 바로 동료, 친구, 조언자가 있기 때문이다. 이것이 곧 팀워크이다. 어렵고 힘든 임무를 수행할 때 지휘관과 참모는 방향을 잡아주고, 구성원은 열심히 노를 젓거나 자기 앞의 상황을 처리하면서 고난과 역경을 극복하여 목표를 달성하는 기쁨을 함께 나누어야 한다.

함께 동고동락하면 팀워크가 강해진다. 오자병법을 저술한 오기 장군은 부하들과 생사고락을 몸소 실천한 장수로 유명하다. 그는 가장 말단의 병사가 입는 군복을 입고, 그들과 같은 음식을 먹었으며, 잠자리도 별도로 마련하지 않았고, 행군을 할 때는 도보로 같이 걸었다. 부하의 몸에 종기가 나자 자신의 입으로 고름을 빨아주었다. 부하들은 오기 장군에게 충심으로 일심동체라는 생각을 가졌고, 오기 장군이 이끄는 부대는 백전백승하였다.

군대라는 배를 타고 항해하는 공동운명체의 일원으로 칭찬하라! 칭찬은 고래도 춤추게 한다고 하지 않는가? 칭찬은 부하의 임무 수행에 윤활유가 된다. 항상 웃음꽃이 만발하는 부대는 전투력이 우수하다. 웃고 즐거운 마음으로 각자의 임무를 수행할 때 활기가 흘러 넘치는 분위기 조성이 가능해진다.

감정은 전염성이 강하다. 행복감도 전염되고, 공포심도 전염된다. 특히 지휘관의 감정은 순식간에 부대 전체의 분위기를 좌우한다. 지휘관이 침울하면 부대 분위기가 가라앉고, 지휘관이 화를 내면 부대 전체가 불안해 하며, 지휘관이 즐거우면 부대 분위기가 살아난다. 신바람이 이는 부대의 구성원들은 어려운 일도 즐거운 마음으로 하게 된다. 간부가 신바람 나고 군 생활이 즐거우면 병사들도 즐겁다.

불평불만은 조직의 암을 유발한다

암(癌)이라는 한자는 입이 3개가 모여서 이루어진 글자인 품(品)자와 질병이란 뜻의 녁(疒)자, 그리고 사람이 죽어서 가는 곳인 산(山)자로 구성되어 있다. 그래서 이 암(癌)이라는 글자의 뜻을 풀이해 보면 '불평불만이 많으면 병이 되고, 결국 죽어서 산으로 간다'는 의미가 된다. 사람이 불평불만이 많으면 암에 걸려 죽는다. 조직도 마찬가지이다. 불평불만을 하는 사람이 많은 조직은 암에 걸려 망하게 된다.

「노천당 월하대종사」라는 책에 "입 밖으로 나온 말은 화살과 같으니 경솔하게 함부로 내뱉지 말라. 한 번 사람의 귀에 들어가고 나면 힘이 있다고 하더라도 빼내기 어렵다(언출여전 불가경발 일입인이 유력난발, 言出如箭 不可輕發 一入人耳 有力難拔)."라는 글이 있다. 좋은 말이건 나쁜 말이건 일단 입 밖으로 나와 남의 귀에 들어가면 그 사람의 뇌리에서 지울 수가 없다. 특히 불평불만과 같은 나쁜 말은 더더욱 사람들의 뇌리에 깊이 박힌다. 그러므로 불평불만은 하지 않는 습관을 기르는 것이 좋다. 불만이 있으면 이를 해결할 수 있는 방안을 찾아서 그런 방안을 건설적으로 건의하는 것이 더 낫다.

사공이 많으면 배가 산으로 간다고 했다. 말만 많고 실천이 없는 것, 즉 NATO(No Action Talk Only)는 세상을 천국이나 지옥의 어느 곳도 만들지 못한다. 지휘관 자신은 물론이고 부대원들이 쓸데없는 불평불만을 하지 않는 그런 부대 분위기를 만들어야 한다.

그렇게 하려면 먼저 지휘관 자신이 솔선수범해야 한다. 상급부대 지시사항이나 지침에 대해 부하들 앞에서 불평불만을 말해서는 안 되고, 지휘관이 자신의 상관에 대한 불평불만을 부하들 앞에서 해도 안 된다. 불평불만을 아예 입에서 꺼내지 말아야 하는데, 그 이유는 불평불만은 불운의 동업자이기 때문이다. 지휘관이 말하고 행동하는 모습을 보면서 부하들은 그대로 따라 배운다.

나아가 부하들에게서 불평불만이 나오지 않도록 지휘를 해야 한다. 일관성이 없고 불명확한 지시는 조직의 불평불만을 더욱 가속시킨다. 불필요한 불평불만이 생기지 않도록 부하에 대하여 구체적으로 명령과 지시를 내리고, 지휘관 자신은 몸소 언행일치를 실천하며 나아가 확인점검을 하도록 해야 한다. 불평불만 때문에 조직이 방향 감각을 상실하고 목적 없이 방황하면 전투력만 상실된다.

불평불만을 하지 않도록 하는 부대 캠페인을 벌이는 것도 좋은 방법이다. 독일에는 "No WHINING" 캠페인이라는 것이 있다. WHINING이라는 말은 칭얼거린다는 뜻의 독일어이다. 말단 직장인은 상사나 마음이 안 맞는 동료에 대해 불평과 불만을 하면서 커간다는 말도 있다. 그러나 불평불만은 결국 조직을 붕괴시키는 촉매제 역할을 한다. 독일의 한 기업체는 과거부터 관습처럼 자행되어 오던 직장 내 동료나 상사에 대해 불평불만을 하지 말자는 캠페인을 벌여 새로운 기업문화를 창출하였다.

의지보다 결과가 좋아야 한다

아무리 열심히 노력해도 목표달성을 이루지 못하면 아무 소용이 없다. 생각(의지)을 했으면, 이것을 이룰 계획을 만들고, 계획을 실천하여 생각했던 결과를 얻어야 한다. 아무리 좋은 계획도 행동화하여 실천이 되지 않으면 구호에 그치는 것이고 행정 업무만 늘어나는 낭비요인이 된다. 물러설 수 없는 목표를 세워 행동화하여 실천하라.

아무리 좋은 생각이라도 실천되지 않으면 낱개로 굴러다니는 구슬과 다름없다. 구슬이 서 말이라도 꿰어야 보배이다. 목걸이라는 보배를 만들기 위해서는 구슬을 꿰어야 한다. 좋은 생각이 떠오르면 무조건 실천 가능한 계획과 로드맵을 작성하라. 영국의 철학자 버틀런트 러셀은 "우리의 고민은 어떤 일을 시작했기 때문이 아니라 무엇을 할까 말까 망설이는 데서 더 많이 생긴다. 이렇게 해야 하는가 저렇게 해야 하는가 하면서 오래 붙들고 앉아 생각한다고 해서 문제 해결에 도움이 되는 것은 없다. 무엇을 할 것인가를 결심하는 것이 중요하다. 미리 실패를 두려워할 필요는 없다. 성공이냐 실패냐는 하늘이 알아서 결정할 것이다. 모든 일에서 망설이기보다는 불완전하더라도 시작하는 것이 성공에 더 가까이 가는 길이다."라고 했다.

좋은 생각은 많은 생각에서 나온다. 뉴턴은 사과가 떨어지는 것을 보고 만유인력의 법칙을 발견하였다. 뉴턴은 물체들 간의 인력에 관한 문제를 연구하고 있었다. 하루 24시간, 일주일의 7일을 줄곧 인력 문제에 골똘해 있었다. 아마도 그는 식사 중에도,

화장실에 앉아서도, 잠을 자다가도 이 생각뿐이었을 것이다. 그러던 어느 날, 그날도 정원에 앉아서 인력 문제를 생각하고 있는데, 눈앞의 사과나무에서 사과가 떨어지는 것을 보았다. 이런 저런 생각을 하다가 그는 그 사과가 왜 옆이나 위가 아니라 아래로만 떨어지는가를 생각하게 된다. 여기에서 힌트를 얻은 그는 마침내 만유인력의 법칙을 발견하게 된 것이다.

생각을 골똘히 하다 보면 해결책이 꿈에서도 나타난다. 벤젠이라는 유기 화학 물질의 고리 구조 방정식을 발견한 독일의 화학자 프리드리히 폰 케큘레는 꿈 속에서 벤젠의 구조 방정식을 발견하는 실마리를 얻었다. 벤젠은 탄소 원자 6개와 수소 원자 6개로 구성되어 있다. 탄소 원자는 4가이고 수소 원자는 1가이기 때문에 일렬로 늘어놓는 식의 구조 방정식의 관점에서 보면 벤젠이라는 물질은 이 세상에 존재할 수 없는 것이었다. 이 풀리지 않는 문제를 골똘히 생각하다가 케큘레는 난로 옆에서 졸게 된다. 꿈속에서 탄소 원자와 수소 원자가 연결된 긴 사슬들이 뱀처럼 움직이고 있었다. 그런데 그 중 하나의 뱀이 꼬리를 물고 빙빙 도는 것이 보였다. 꿈에서 깬 케큘레는 꼬리를 물고 돌던 뱀을 생각하면서 벤젠의 구조 방정식을 고리형으로 만들어 보았다. 이렇게 하면 탄소들끼리는 하나는 단일 결합, 다른 하나는 이중 결합, 그리고 산소와는 단일 결합을 이루는 그런 모양이 되는 것이다. 그래서 탄소 원자 6개와 수소 원자 6개로 구성되는 물질이 존재 가능하다는 것이 설명된 것이다.

부대 지휘도 마찬가지이다. 항상 부대와 부하를 생각하면 좋은 지휘 아이디어가 구상된다. 그것이 잠자다가도 떠오르면 즉시 일어나서 머리맡에 놓아둔 메모지를 이용하여 기록해야 하고, 차를 타고 가거나 화장실에서라도 바로바로 메모를 해야 한다. 성공하는 지휘관이 되기 위해 무엇을 할 것인가를 생각하고 또 생각해야 한다.

행동으로 열심히 노력해도 결과가 나쁘면 헛수고에 불과하다. 지휘관이 개념 없이 부지런만 떨면 조직이 망한다. 일설에 의하면 지휘관의 등급은 다음의 4단계로 구분된다고 한다. 최상급의 지휘관은 올바른 개념 정립 하에 부지런하고 실행력이 있는 지휘관이다. 중급 지휘관은 개념은 올바르지만 실천력이 미약한 지휘관이다. 하급 지휘관은 개념도 없고 게으르기까지 한 지휘관이다. 최하급의 지휘관은 개념이 올바르지 않은데 마냥 부지런하고 행동력이 강한 지휘관이다. 최하급 유형의 지휘관이 지휘하는 부대는 무엇 하나 제대로 되는 일도 없으면서 사람만 힘들게 하여 부대를 총체적으로 피폐하게 만든다.

부하 자신의 가치를 인식시켜라

부하 스스로에 대해 가치 있고 특별한 존재로 느끼게 해주면 해줄수록 부하 역시 그만큼 지휘관에게 더 좋은 반응을 보인다는 것을 명심해야 한다.

피그말리온 효과(pygmalion effect)라는 말은 그리스 신화에서 유래한 것이다. 키프로스의 조각가인 피그말리온은 여성을 혐오했다. 주변 여성들의 추한 모습을 많이 보았기 때문이다. 그는 상상 속에서 자신이 그리고 있는 아름다운 여인을 조각하였다. 그런데 그 조각품이 너무나 아름다워서 점점 이 조각상을 깊이 사랑하게 되었다. 마침내 조각상에 대한 사랑에 푹 빠진 피그말리온은 아프로디테의 제전을 맞이하여 조각상 여인을 살아있는 사람으로 만들어 달라고 소원을 빌었다. 피그말리온의 지극한 소원에 감동한 아프로디테는 그의 소원을 들어주었다. 집으로 돌아온 피그말리온이 조각상에 입을 맞추자 조각상은 실제 여인으로 살아났고, 피그말리온은 그 여인과 결혼을 하게 된다. 이 신화는 사람이 상대방에 대해 어떤 기대를 갖고 있으면 상대방은 그 기대에 부응하는 방식으로 행동하게 된다는 것을 말해준다.

미국의 유명한 심리학자인 로젠탈(T. L. Rosenthal)이 피그말리온 효과를 실험적으로 증명해보였다. 학기 초에 초등학교 담임선생님에게 담당 학생 중에 누가 지능검사 점수가 높고 누가 낮은지를 알려주었다. 그런데 이 지능 점수는 그 학생들의 실제 지능검사 점수가 아니었다. 로젠탈 박사가 학생들의 지능 점수를 실험 목적상 무작위적으로 불러주었던 것이다. 그러나 결과를 보면 놀랍게도 학생들의 학기말 성적이 담임선생님이 알고 있는 학생의 지능 점수와 일치하게 나오더라는 것이다. 담임선생님이 지능이 우수하다고 알고 있는 학생의 성적은 높게 나오고, 지능이 낮다고 알고 있는 학생의 성적은 낮게 나온 것이다. 담임선생님의 기대가 그 학생으로 하여금 그 기대에 맞추어 행동하도록 만든 것이다. 지휘관이 부하에게 긍정적인 생각을 갖고 있다는 뜻이 전달되면, 부하는 지휘관의 그러한 긍정적인 기대에 부응하려 노력하고, 그 방향으로 행동한다.

부하에게 긍정적인 기대를 전달하는 방법은 여러 가지가 있다. 그 중 하나는 부하의 말을 경청하는 습관과 칭찬하고 인정하는 마음 자세를 갖는 것이다. 세상에서 가장 힘든 것이 '경청'이다. 자신이 하고 싶은 말에 대한 생각을 벗어 놓고 부하가 하고자 하는 말이 무엇인지 귀를 기울여야 한다.

또 가능한 한 자주 부하의 이름을 불러주는 것이 좋다. 귀에 가장 달콤한 소리는 자신만이 가지고 있는 고유의 소리, 바로 자신의 이름이다. 이름을 자주 불러주는 것은 그를 진정으로 생각하고 있다는 것을 그에게 알려주는 것이 된다. 그리고 그 부하는 자신의 존재 가치가 향상된다는 생각을 갖게 된다.

부하가 어떤 질문을 해오면 잠깐 생각하는 시간을 가진 뒤에 대답을 하는 것이 좋다. 질문에 대해 답변을 위한 시간을 갖는다는 것은 질문에 대해 가치를 부여해 주는 것을 의미한다.

조직 속에 들어 있더라도 개개인에 대한 관심을 항상 유지해야 한다. 조직에서 인정받고 존중 받을 필요가 있는 존재는 바로 부하 개개인이다. 존중과 배려는 무한 전투력을 창출한다.

'단소리'보다 '쓴소리'가, '칭찬'보다 '꾸중'이 더 어렵다

부하를 통제하는 방법으로 상과 벌의 두 가지가 있다. 상은 받는 사람의 기분을 좋게 만드는 것인 반면, 벌은 받는 사람의 기분을 상하게 만드는 것이다. 그래서 가능하면 상으로 부하를 통제하는 것이 더 낫다. 맞는 말이다. 칭찬은 고래도 춤추게 만든다고 하지 않는가? 그러나 상은 주어야 할 사람에게 주어야지 상의 대상이 뒤바뀌면 상을 받지못한 사람뿐만 아니라 조직 전체 인원들의 사기를 오히려 떨어뜨리는 부작용도 있다.

사회가 민주화되고 인권이 신장되면서 상에 대한 강조가 너무 많다 보니 벌은 무용하고 나쁜 것으로 치부되는 경향이 있다. 물론 상만으로도 통제가 잘 된다면 군이 벌을 사용할 필요는 없다. 그러나 경우에 따라서는 벌 이외에는 다른 통제 수단이 없는 경우가 있다. 그럴 때는 벌을 사용해야 한다. 그러나 벌은 사람의 기분을 상하게 하고 그 사람의 장래 진출에 지장을 주게 만드는 것이므로 잘 사용해야 한다. 그래서 '쓴소리'와 '꾸중'이 더 어렵다는 것이다.

존경받는 지휘관은 현명한 꾸중의 기술(skill)을 갖고 있다. 꾸중을 할 때는 효과적으로 해야 한다. 꾸중도 교육의 일부이므로 빠르고 분명하며 강한 메시지로 전달하는 것이 좋다. 꾸중은 5분 초과를 금해야 한다. 그리고 규정과 규율 안에서 실시해야 한다. 소리를 지르거나 폭력적, 공격적인 행동은 금기 사항이다. 꾸중도 대화의 하나이므로 대화 예절을 준수해야 한다. 꾸중은 다른 부하와의 관계에도 영향을 준다는 사실을 명심할 필요가 있다.

분명한 내용을 전달해야 한다. 즉, 잘못한 부분만 지적하되 인격적인 비난은 삼가해야 한다. 지적 받는 사람의 입장에서 보면 잘못한 부분에 대해서 질책을 받고 그 잘못된 부분만 고치면 되는 것이다. 그런데 인간 전체를 싸잡아 비난 받으면 그 사람은 설 자리가 없어진다. 그래서 꾸중을 할 때의 방법은 "너는 이것을 이렇게 잘못했다."라는 식으로 해야 한다. "너는 왜 사람이 그 모양이냐.”라든가 “너는 근본적으로 안 돼 먹었어.”와 같은 방식의 비난은 절대 금물이다.

현재의 잘못을 얘기하다가 과거의 잘못까지 끄집어 내어 함께 비난하는 것은 삼가야 한다. 그렇게 되면 자신의 상관은 과거에 잘못한 모든 일을 끝까지 기억하는 사람이라고 생각하게 되고, 이렇게 되면 부하는 상관과의 인간관계는 끝났다고 생각하게 된다. 한번 꾸중한 일은 그것으로 끝내버려야 한다. 지적사항이 시정되면 그것으로 그 일은 종결해야 한다. 그래야 잘못을 저지른 사람도 새로운 시작을 할 수 있다는 희망을 가질 수 있게 된다.

꾸중할 일이 있으면 공공장소가 아닌 조용한 곳에서 하는 것이 좋다. 남의 면전에서 공개적으로 면박을 당하여 기분이 좋을 사람은 아무도 없다. 공공장소에서의 비난은 상대방의 자존심과 신뢰를 무너뜨리고 인간적인 거리감을 유발한다. “잠깐 이야기 좀 하자.”라는 식으로 조용히 불러서 일대일 대화를 통해 지적할 사항을 지적해야 한다.

꾸중 후에는 반드시 부하의 장점을 상기시켜서 꾸중을 더 나은 관계, 더 나은 성과를 위한 밑거름으로 만들어야 한다. 소위 “병주고 약준다.”라는 속담이 있다. 이것이 꾸중의 중요한 한 가지 기술이다. 절제된 충고와 질책을 잘 활용하면 진정한 리더십을 발휘할 수 있다.

부하를 믿으라, 그러나 똑같이 믿지 말아라

조직의 일이란 기본적으로 한 사람으로는 할 수 없는 일이다. 여러 사람을 모은 이유는 그 일을 혼자서 해낼 수 없기 때문이다. 그렇기 때문에 조직에서의 지휘는 기본적으로 위임형 지휘이다. 지휘관이 할 일이 있고 참모가 할 일이 따로 있다. 상급 지휘관이 할 일이 있고 하급 지휘관이 할 일이 있는 것이다. 위임형 지휘를 독일식으로 표현하면 임무형 지휘라고 한다. 조직의 규모가 커질수록 참여 인원이 많아지기 때문에 더더욱 위임형 지휘를 해야 한다. 임무를 위임할 때 부하를 믿지 않으면 어떠한 일도 성취할 수 없다. 믿고 맡겨야 하는 것이다.

믿고 맡기는 것, 즉 일을 위임할 수 있는 이유는 임무를 부여받은 부하 각자가 맡은 바 위치에서 자신의 역할을 다한다는 전제조건을 믿기 때문이다. 그래서 믿고 맡긴다고 하는 것이다. 그러나 전적으로 부하를 믿고 맡겨 놓아서는 안 된다. 인간은 다양한 욕구를 갖고 있다. 열심히 일하여 무엇을 성취하려는 욕구도 있지만, 편하게 놀고 싶은 욕구도 있다. 정직하려고 노력하지만, 일을 제대로 하지 못한 경우에는 자신의 잘못을 숨기고 싶어하는 욕구도 있다. 이처럼 인간은 선악의 양면을 가지고 있다. 그래서 인간의 선한 부분은 믿지만, 악한 부분은 믿을 수 없다는 것이다. 인간은 성취 욕구가 있고, 정직하게 살아가려는 마음을 가지고 있다는 점을 믿고 일을 맡길 수 있다. 그러나 인간은 또한 편하게 놀고 싶은 욕구도 있고, 자신의 잘못을 숨기려는 욕구도 있기 때문에 감시와 감독을 해야 한다는 것이다.

미국의 심리학자인 맥그리거(McGregor)는 인간의 작업 동기에 관하여 X이론, Y이론을 제안하였다. X이론은 인간이 기본적으로 편한 것을 추구하고 힘든 일은 하기 싫어하기 때문에 일을 시킬 때는 강제로 일을 부과하고, 감시 감독을 철저히 해야 한다는 관점이다. Y이론은 인간은 자아실현의 경향을 갖고 있기 때문에 자율적이고 재량껏 일하도록 허용해주면 스스로 알아서 열심히 일을 한다는 관점이다.

맥그리거는 Y이론의 관점을 신봉하는 사람이었다. 그가 미국의 오하이오주에 소재한 안티옥 대학(Antioch College)의 총장으로 취임했을 때 자신의 Y이론의 타당성을 입증해 보이려고 대학을 Y이론적으로 운영하였다. 그런데 학교가 잘 돌아가지 않는 것은 물론이고, 교수들 간에 입장 대립이 난무하고 반목이 그치지 않았다. 그래서 나중에는 대학 운영이 마비될 정도로 사태가 악화되었다. 맥그리거가 인간의 양면성 중 한 면만을 보고, 그 신념에 기초하여 조직을 운영한 결과인 것이다.

그래서 임무형 지휘는 준비된 자에게만 시행해야 한다. 머리속으로 부하의 등급을 책정하고 부하와 눈높이를 맞추어야 한다. 부하의 능력에 따라 지시하고 능력을 초과한 업무를 부여해서는 안 된다. 그러나 결과는 동일수준이 될 수 있도록 확인 감독을 해야 한다. 이것이 바로 결과의 표준화(standardization)이다.

임무를 부여할 때 지시는 육하원칙에 의해 분명히 해야 한다. 특히 요망 수준과 결과보고 일시까지 명시하고, 임무를 복명하도록 지시해야 한다. 지시한 결과는 반드시 확인해야 한다. 눈으로 확인되지 않은 결과는 인정은 하되 신뢰를 해서는 안 된다. 눈으로 보아서, 손으로 만져서 확인이 되었을 때 업무 지시는 종결되는 것이다. 1% 지시, 99% 확인이 철칙이다. 그리고 실패의 과오는 자신에게, 성공의 명예는 부하에게 돌려야 한다.

부하를 믿으라, 그러나 100% 믿으면 100% 실패한다

믿음과 인정은 많은 발전을 가져올 수 있다. 하지만 절대적인 믿음은 오히려 악이 될 수도 있음을 명심해야 한다.

부대의 역량을 100%와 90%, 80%로 구분할 줄 아는 눈을 가져야 한다. 90% 능력의 부대에는 10%, 80% 능력의 부대에는 20%를 교육과 확인을 하게 하는 시스템을 구축하여 부족한 부분을 채워 주어야 한다. 역량이 부족한 부하에게도 성장 가능성을 믿고, 도전과 기회 부여를 통해 역량을 개발할 수 있도록 해주는 것이 필요하다. 그러나 도전의 기회를 부여할 때는 반드시 부족한 부분에 대한 보완책을 마련해야 한다. 부하 육성을 위한 기회 부여도 좋으나 리듬을 조절해야 한다. 능력 범위 밖의 일을 계속 맡기면 사고가 발생한다.

일을 잘하는 부하는 절대적으로 신임 받게 된다. 그런 부하에게는 일을 전적으로 위임하고 중간 체크를 생략하는 경우가 많다. 그러나 100%의 신뢰는 맹종으로 이어질 수 있다. 원숭이도 나무에서 떨어질 수 있고, 아무리 똑똑한 사람도 머리가 안돌아가는 경우가 있는 것이다(일세총명 일시호도, 一世聰明 一時糊塗). 최소한의 안전판을 설치해 두어야 한다. 아무리 일을 잘하는 부하라고 할지라도 지시한 사항에 대해서는 통상적인 최초보고, 중간보고, 결과보고의 시스템을 적용하는 것이 좋다. 지시한 일에 대한 적시적인 중간 점검은 어떤 부하에 대해서도 필요한 부분이다. 부하에 대한 지나친 신뢰는 일을 그르칠 수 있을 뿐만 아니라, 이미 쌓아 놓은 상호 신뢰마저도 무너지게 할 수도 있다.

발전은 의심해 보는 시각에서 출발한다. 틀린 것이 없다는 것은 더 이상 발전의 여지가 없다는 것과 같다. 틀린 것이 있어야 그 틀린 것을 고칠 것이며, 틀린 것을 고치면 그것이 바로 발전이다. 이런 사상은 근세 철학의 선구자인 데카르트(Descartes)의 회의론(skepticism)이다. 그는 모든 사람들이 확실하게 진리라고 알고 있는 사실조차도 과연 그것이 진실로 맞는 것인지를 의심해 보고, 다시 한 번 체크해보라고 하였다. 데카르트의 이러한 철학적 가르침은 현대의 모든 학문, 특히 과학이 발전하는 데 기초가 되었다. 부하에 대한 10%의 작은 의심이 조직과 부하의 발전에 밑거름이 될 수 있음을 상기하자. 이 때의 의심이라는 말은 부하를 인간적으로 불신한다는 의미가 아니다. 부하에게 지시한 일에서 생길 수 있는 실수를 체크한다는 의미이다.

부하의 부족한 부분이 곧 지휘관이 채워 주어야 할 몫이다. 부족한 부하에 대해서는 사전에 지휘관이 그 몫을 챙겨서 채워 주어야 한다. 역량이 충분한 부하에 대해서는 생길 수 있는 실수에 대해 대비하는 역할을 해주어야 한다.

부하의 부족한 부분을 채우는 것은 베푸는 마음으로 하는 것이다. 리더십의 정수는 '베푸는 것'이다. 12척의 배로 수백 척의 일본 함대를 격파하고 우리나라를 백척간두에서 구한 충무공 이순신 장군, 궁예를 물리치고 고려를 건국한 왕건, 중국 춘추전국 시대의 위나라 명장 오기가 보여준 리더십의 핵심은 베풂으로써 부하의 마음을 얻는 것이었다.

베풂으로써 부하의 부족한 부분을 채워주고, 부하의 부족한 부분을 채워줌으로써 조직의 유효성을 향상시켜야 한다. 조직의 유효성을 향상하는 데는 해소전략보다는 예방전략이 효과적이고 효율적이다. 1 : 10 : 100의 법칙이 있다. 예방비용이 1이라면 대책비용은 10이고, 처리비용은 100이다. 부하를 100% 믿지 않음으로써 부족한 부분을 볼 수 있고, 이 부족 부분을 미리 채워줌으로써 사고 예방이 가능하다. 이런 지휘방식이 바로 해소전략이다. 베풂의 기본 요소는 동고동락(同苦同樂)하는 솔선수범이다. 동고동락하고 솔선수범하는 지휘관 아래에서는 정과 신뢰가 쌓인다. 정과 신뢰는 구성원 각 개인의 신념과 조직을 결속시키는 촉매제이다. 정과 신뢰가 뒷받침되지 않는 조직은 사상누각(砂上樓閣)에 불과하다.

리더십은 신뢰에서 시작해서 신뢰로 끝난다. 100% 신뢰하지 않음으로써 오히려 100% 신뢰하는 관계가 계속 유지될 수 있는 것이다. 바로 허허실실(虛虛實實) 전법과 같은 맥락의 지휘 방식인 것이다.

제 2 부

세 가지 '0순위' 관리

1

'0순위'의 개념

지휘관은 작전지역, 병력, 전투장비를 가지고 국가와 군에서 부여된 임무를 완수해야 하는 책임자이자 관리자이다. 특히 전투준비, 교육훈련, 부대관리라는 3대 과업 중 어느 한 가지라도 소홀히 할 수 없을 뿐만 아니라, 3대 과업을 동시에 만족시켜야 하는 중차대한 책임을 부여받은 것이다. 그렇지만 지휘관의 경험과 관점, 그리고 능력에 따라서 부대 전투력은 차이가 나기 마련이다. 또한 지휘관의 관심이 어디에 집중되느냐에 따라 분야별 불균형을 초래하기도 하고, 전체적인 조화와 균형이 깨져 통합 전투력의 발휘가 어렵게 되기도 한다.

필자는 그간 우리 군내에서 발생한 다양한 부대지휘 성패 사례를 보아왔다. 이러한 경험을 토대로 3대 과업에 관한 개념과 상호관계를 나름대로 정리해 보고자 한다. 한마디로 정리한다면 전투준비, 교육훈련, 부대관리라는 3대 기둥은 어느 한 쪽이라도 기울어지게 되면 넘어지고 마는 삼각다리(정족, 鼎足)와 같다는 것이다.

부대관리가 허술하여 사고가 끊이지 않는 부대는 교육훈련을 제대로 시킬 수 없을 것이고, 교육훈련이 부실한 부대는 전투준비가 제대로 될 리가 없는 것이다. 그렇다고 부대관리에만 치중하는 지휘관은 실전적 교육훈련을 기피하는 보신(保身)주의자가 될 수 있으며, 이 역시 전투준비태세는 매우 취약할 것이다.

평시 지휘관의 기본책무는 실전과 같은 교육훈련을 시키는 일이며, 이것이 완성되었을 때 약간의 나머지 과제들만 추가한다면 그것이 곧 전투준비가 되는 것이다. 따라서 지휘관은 위 3가지를 요소를 똑같이 '0순위'라는 개념으로 중시하고 관리해야만 온전한 전투력을 갖춘 부대가 될 수 있을 것이다.

여기서 전투준비와 교육훈련에 대해서는 군사보안 문제도 있고 교범적인 이야기도 많이 해야 하기 때문에 핵심개념 위주로 간략히 정리하고 부대관리 분야에 대해서 집중 기술하고자 한다.

2

전투준비

전투준비태세는 지휘관의 마음가짐에서 시작된다.

전투준비태세의 확립은 군의 본질적인 목표이자 숭고한 사명이다. 전투준비태세를 확립한다는 것은 전투수행을 위해 유·무형적 제 요소들을 망라하여 준비하는 것을 의미한다. 특히 무형적 요소는 지휘관뿐만 아니라 부대원 모두가 정신적 자세를 확립하는 것에서부터 시작되며, 이것은 전투준비와 관련한 모든 활동의 출발점이다.

따라서 지휘관은 전투준비를 위한 출발인 정신적 자세를 기초로 하여, 군의 존재 이유이자 가장 숭고한 사명인 전투준비태세의 확립을 위해 혼신의 힘을 다하여야 한다.

지휘관으로서 부대지휘의 시작은 전투준비태세를 확립하기 위한 제반 요소를 점검하고 갖추는 것에 있으며, 그 끝은 전투준비태세를 완성하는 것에 있음을 상기하여야 한다.

지휘관의 녹색견장은 무한책임을 나타내는 표징이다. "녹색견장과 지휘봉이 상징하는 야전 지휘관의 십자가! 그것은 촌음의 안일이나 방심, 그리고 허점이나 휴식도 용납되지 않는다. 단지 고행(苦行)과 땀, 창의와 전진, 그리고 승리가 있을 뿐이다." 여기서 말하는 지휘관의 녹색견장은 해당 직책에서 발휘할 수 있는 지휘권을 상징하는 것이며, 동시에 지휘권에 대한 책임을 의미한다.

지휘관에게 녹색의 견장을 착용케 하는 것은 부대원들의 마음을 한곳으로 모아 싸워 이기기 위한 전투준비태세를 확립하라는 의미이며, 이에 지휘관은 전투력 창출을 위한 과정과 모든 분야에 대한 책임을 부여받는 것이다.

이러한 책임은 솔선수범을 통해 행동화되며, 그것은 지휘관의 가장 핵심이고 기본적인 자질이다. 전투준비태세 확립에 있어 솔선수범은 지휘관이 무한책임을 지겠다는 정신적 자세를 행동으로 표현한 것이다.

항재전장의식(恒在戰場意識) 항재전장의식은 군인의 가장 기본적인 정신이자 신념이어야 하며, 그 의미는 24시간 전투준비태세를 유지한다는 것이다. 지휘관으로부터 이등병에 이르기까지 '내가 싸워야 할 적은 누구이고 그들은 지금 무엇을 하고 있을까?'라는 생각으로 항상 고민하고 대비하는 의식과 자세를 말한다.

군대의 존재목적은 싸워서 승리하는 데 있다. 전승을 위해 군대의 모든 활동 저변에 전장상황을 고려한 행동을 생활화하여야 한다. 즉 항재전장의식은 군인의 가장 기본적인 정신임과 동시에 신념이 되어야 한다.

특히 녹색견장을 달고 있는 지휘관은 전투준비태세 확립을 위한 무한책임을 지는 자로서 항재전장의식을 바탕으로 한 부대지휘가 되어야 하며, 솔선수범자로서 이를 신념화, 행동화하여야 한다.

이러한 정신과 신념을 토대로 민·관·군 통합방위태세를 확립한다면 어떠한 위기 상황에도 총괄적이고 적시적인 대비태세를 유지할 수 있을 것이다.

전투장비 및 물자의 100% 가동과 즉각출동태세 유지는 전투준비태세의 기본이다. 정신적 전투준비태세가 확립되어 있더라도 수단으로 활용할 수 있는 장비와 물자가 없다면 사상누각이 되고 만다. 이러한 차원에서 전투장비와 물자의 완전한 가동은 즉각출동태세를 유지시킬 수 있는 필수 전제조건이다.

평상시 운용되는 전투장비와 물자뿐만 아니라 전시 비축 및 치장 품목에 대한 수시 실태확인과 추가적인 소요판단 및 건의를 통해 이들을 입체적으로 관리해야 한다. 이러한 활동을 매일 하기는 제한되기 때문에 주간 또는 격주 단위로 일자를 지정하여 실시하는 것이 바람직하다.

사용한 전투장비와 물자는 반드시 정비를 실시하여야 하며, 특히 특수장비는 관리책임관을 별도로 임명하여 지속적으로 관리, 유지될 수 있는 시스템을 구축해 놓아야 한다. 지휘관 혼자서 잘

하겠다는 생각을 벗어나서 구성원을 적극적으로 활용하되, 관리 책임자를 명확히 임명하고 수시 확인할 수 있도록 관리체계를 확립하여야 한다.

24시간 살아 숨쉬는 지휘통제실을 운영하라. 지휘통제실은 간부에 의해서 운영되어야 한다. 상황병은 발생된 상황을 전달하는 역할만 담당할 뿐이고 상황을 조치할 수 있는 권한과 책임은 없다. 따라서 반드시 간부에 의한 상황보고 및 전파체계를 확립해야 한다.

각 부대별로 활용 중인 지휘통제실 운영예규는 상황발생 시에 유형별로 조치해야 할 사항과 행동절차 등을 명시해 놓고 있다. 평소 근무간 관련내용을 숙지하고, 조치요령을 숙달해야 한다.

상황발생 시에는 선보고 후조치 또는 선조치 후보고를 해야 할 것인지 신속하게 판단해야 한다. 이러한 판단은 상황의 긴급성과 대응의 신속성 여부를 기준으로 삼아야 한다.

상황보고 및 전파에 있어 10분이라는 시간은 중요한 의미를 가진다. 모든 상황은 최초 상황발생 부대에서 2단계 상급부대까지 10분 이내에 보고가 이루어져야 하며, 상황에 따라 보고순서를 바꿀 수는 있으나 상급 지휘관에 대한 보고는 반드시 이루어져야 한다.

통하라! 전투간 지휘체계의 확립은 통신소통으로부터 시작된다. 상시 통신대기태세 확립은 상급 지휘관에 대한 지휘주목임과 동시에 부대사랑에 대한 또 다른 표현방식이다. 지휘관은 견장을 차는 순간으로부터 벗는 그날까지 생활의 시작도 부대와 부대원이요, 또한 생활의 끝도 부대와 부대원이라고 생각해야 한다. 이러한 사고방식은 휴대폰을 포함한 모든 통신체계에서 항상 대기태세를 잃지 않는 것에서부터 시작한다.

전투간 지휘체계가 와해된 부대는 결코 승리할 수 없다. 지휘체계의 확립이야말로 전·평시를 막론하고 부대의 조직적인 전투력 발휘에 핵심적인 요건임을 명심해야 한다.

지휘체계의 확립은 두 가지 의미를 가지고 있다. 첫째, 통신소통을 보장하기 위한 유형적 조치들이다. 즉, 유선 및 무선을 활용한 제대간 통신체계를 확립하는 것이다. 둘째, 무형적 의미로서 상하 제대의 지휘관 간의 원활한 의사소통이다. 이는 임무형 지휘 개념과 일맥상통하며, 상하 지휘관 그리고 지휘관과 부대장병 사이의 이심전심(以心傳心)을 의미한다. 유사시 지휘체계가 확립되어 있다면 효과적인 전투지휘가 될 것이나, 그렇지 않은 경우 상당한 혼란이 초래될 것이다. 하지만 상급부대 지휘관이 부여한 임무와 지시에 대해 명확히 이해하고 공감한다면 통신이 제한된 상황 속에서도 전투지휘가 가능할 것이다. 이것이 바로 무형적 의미의 지휘체계 확립이다.

모든 훈련은 전투적 사고와 행동을 바탕으로 실시하라. 몽고메리 장군은 "군인이란 누구나 모두 전투를 할 수 있어야 하며, 전원이 싸울 수 있도록 훈련되어야 한다."라고 언급하였다. 장군의 명언은 전투는 직책과 계급을 가리지 않으며, 전투능력의 구비는 군인의 가장 기본임을 강조하고 있는 것이다.

"싸우는 방법대로 훈련하고, 훈련한 대로 싸운다."라는 문구는 각 직책별로 전·평시에 필요한 전투적 사고 및 행동을 습성화하기 위해 임무수행철을 철저하게 준비하고, 행동절차는 몸으로 숙달되어야 함을 강조한다고 볼 수 있다. 지휘관은 이러한 임무수행철이 부대원들의 전투임무수행에 적합한지 그 여부를 평시 훈련 간에 부단히 확인 및 점검하여 보완하는 데 부단한 노력을 경주하여야 한다.

모든 훈련은 전투에서 일어날 수 있는 최악의 상황을 가정하여, 어떻게 극복하고 조치할 것인가를 고민해야 한다. 훈련 중에 흘리는 땀 한 방울은 전투상황 하에서 피 한 방울을 아낄 수 있다는 진리를 명심하여야 한다. '설마 전쟁이 나겠어?', '이러한 때에 적이 침투하겠어?'라는 안일한 사고를 버리고 모든 형식과 관행, 비전술적 행동을 근절해야 한다. 실제 전장에서 적은 때와 장소를 가리지 않는다. 언제 어디에서라도 즉각적이고 적시적인 전투력을 발휘하기 위해서는 실전적 교육훈련만이 해법이다. 지휘관을 포함한 부대 전 장병은 실전적 행동위주 전투준비를 통해 '화이트 나우'(Fight Now)의 준비태세를 견지해야 한다.

전투준비태세 확립은 철저한 경계로부터 시작된다.

경계작전은 군 본연의 임무수행태세를 확립하는 것이다. 경계활동 및 작전은 부대의 활동과 작전을 수행하기 위한 전투력 발휘의 기초이며 토대이다. 이러한 기초 및 토대가 튼튼히 구축되어야 다른 부대활동이 안정적으로 이루어질 수 있다. 경계작전에서 한 번의 실패는 곧바로 부대원의 생명과 전투력에 직접적인 영향을 미치기 때문에 단 한 번의 실패도 허용해서는 안 된다.

경계작전태세는 제대별 가용한 통합작전 여건을 조성하여 침투하는 적을 해안 및 내륙에서 격멸할 수 있도록 하는 것이다. 경계작전은 감시 사각지역을 최소화하고 탄력적인 작전수행을 위해 지휘관 중심의 전투협조회의를 통한 경계작전지침을 일일단위로 하달하고, 초동조치 책임지역을 구분하는 등 명확한 작전책임을 부여해야 한다. 또한 지휘관의 현장 동숙과 야간 순찰활동을 통해 경계태세의 질적인 수준 유지를 도모하는 것이 필요하다.

주둔지 경계작전은 부대활동의 근간을 방호하고 테러에 대비하기 위한 태세를 향상시키기 위함이다. 이를 위해 초병 및 당직근무자는 상황조치 능력이 있어야 하며, 상황보고 및 전파를 위한 유·무선 통신대책을 강구하여야 한다. 특히 주둔지 핵심시설인 무기고와 탄약고, 생활관에 대한 방호대책을 치밀하게 강구하여야 한다.

있는 그대로 6하 원칙에 의거 신속한 상황보고를 실시하라. 상황발생시에는 최악의 상황(worst case 시나리오)을 가정하여 즉시 지휘관에게 보고하고, 신속한 지휘 및 상황조치가 이루어질 수 있도록 상황보고체계를 구축해 놓아야 한다. 이를 위해 개인 및 부대, 행정관서 등과 상황전파 우선순위를 고려하여 전파체계를 구축하고 직책별로 적절하게 임무를 분담하여 상황전파 및 보고시간이 지연되거나 누락되지 않도록 해야 한다.

상황보고와 관련하여 필자는 군 지휘관 시절 다음과 같은 4가지 금언을 생활화하도록 강조하였다. 첫째, 보고의 생명은 신속성 그리고 정확성이다. 둘째, 최초-중간-최종보고로 구분하는 것은 신속성을 위한 것이다. 셋째, 가감하지 말고 있는 그대로 사실(Fact)을 보고해야 한다. 넷째, 예측이나 추측하지 말라. 이는 허위보고의 시작이다.

초기대응이 작전의 성패를 결정짓는다. 적과 접촉하고 있는 경계작전 부대의 경우 작전 현장에서의 종결을 가장 우선적인 원칙으로 설정하고 있다. 이는 상황발생 초기 신속한 초기대응을 통해 작전의 확대를 방지하고자 함이다. 작전의 확대는 인적 노력의 낭비와 경제적 손실로 직결된다.

인적 노력의 낭비는 사랑하는 부대원과 목숨을 걸고 지켜야 할 부모형제의 생명을 담보로 할 수 있다. 초기대응만 잘 해도 호미로 모든 것을 막을 수 있듯이 효과적인 초기대응은 비용과 부대원들의 노력 낭비를 예방할 수 있는 가장 효과적인 방법이다.

출동준비태세는 팀워크를 바탕으로 한 시간과의 싸움이다.

출동준비태세는 시간과의 싸움이다. 효과적인 時테크가 필요하다. 출동준비란 장차작전을 실시하기 위해 주둔지 및 소산지 등 지정된 지역에서 만반의 준비를 갖추는 것을 말한다. 예를 들면 비상발령에 따른 경보전파, 군장결속, 영외거주자 소집, 증가초소 운용, 식량 및 탄약 불출, 소산지 점령 및 군장검사 등 부대의 출동을 위한 제반 준비를 완료하는 것으로써 빠르면 빠를수록 부대의 전투력이 소진되는 것을 막을 수 있다. 그러나 지나치게 시간 단축에 무게를 두어 어느 한 분야라도 누락된다면 그것은 치명적인 결과를 초래할 수 있다. 이러한 이유로 주기적인 행동절차 숙달을 위한 훈련이 필요하며, 각 단계별 행동절차가 누락되지 않은 가운데 신속한 행동이 이루어질 수 있도록 시간을 효율적으로 사용해야 한다.

부대의 임무를 먼저 생각하고, 임무에 맞는 우선순위를 판단하라. 출동준비 시의 수많은 조치 사항들은 부대의 임무를 고려하여 그 순서를 명확히 설정하여야 하며, 이러한 우선순위에 입각하여 행동절차를 숙달해야 한다.

출동준비 시에 예상되는 적의 다양한 공격활동, 특히 포병에 의한 공격과 소규모 특작부대의 침투 등은 부대의 조직적인 출동준비를 방해하는 요소이다.

따라서 시간대별로 무엇을 해야 하는지, 상황발령으로부터 몇 시까지 무엇을 완료해야 하는지를 도표화시켜 놓은 Time-table이 필요하다. 또한 Check-list를 작성하여 완료한 사항과 진행중인 사항, 앞으로 해야 할 사항 등을 추적관리할 수 있어야 한다.

출동준비시간 단축은 부대원의 생명을 살리는 지름길이다. 완벽한 방호가 제공되지 않는 이상 한곳에 다수가 모여 있는 것은 부대의 전투력 보존에 있어 치명적인 결과를 초래한다. 출동준비 시에 신속히 소산진지를 점령하는 이유가 여기에 있다.

과학기술의 혁신적 진보를 바탕으로 신장된 사거리와 향상된 정밀도를 갖춘 현대전의 타격체계는 집결된 부대를 단시간에 무력화시킬 수 있다. 따라서 상황발생 초기단계에 출동준비를 신속히 완료함으로써 집결된 시간을 최소화해야 한다. 이는 내 부하의 생명을 보존하는 핵심방편이다.

출동준비태세는 혼자하는 것이 아니다. 오케스트라를 생각하라. 출동준비태세 시에 해야 할 수많은 사항들은 지휘관이 혼자 할 수 없다. 지휘관은 진행되는 사항들에 대한 확인과 조치를 위한 지침을 부여하고, 전반적인 상황을 파악해야 한다. 이때 부대 전 장병은 정해진 행동절차에 따라 일사불란하게 움직여야 한다.

지휘관은 각 사항들이 시간대별로 어떻게 진행되고 조치되고 있는지에 대해 지속적으로 파악하여 보고해야 하며, 이후의 부대 활동에 대한 지침을 계속적으로 하달하여야 한다.

다양한 악기들이 모여 아름다운 선율을 만들어내는 오케스트라처럼 원활한 출동준비를 위해서는 지휘관을 중심으로 한 부대원들의 팀워크가 무엇보다 중요하다.

계절적 제한사항 극복을 위한 전투준비활동은 전승 보장의 지름길이다.

춘·추계 전투진지공사는 전투준비활동의 중요한 부분이다. 전투진지공사는 각 부대가 사전 준비된 진지에 대한 주기적인 공사를 통해 전투력 발휘가 가능하도록 추진하는 전투준비활동이다. 진지공사는 봄과 가을에 별도의 시간을 할당하여 실시하게 되며, 부대별로 다소 상이하기는 하나 많은 부대가 해당 거점 현장에서 야전숙영을 하면서 방어지역에 대한 지형숙지와 연계하여 실시하고 있다.

지휘관은 병사들이 전투진지공사를 '작업'이 아닌 전투준비의 일환으로 인식할 수 있도록 교육하고 감독해야 한다. 거점 현지 전술토의 결과를 토대로 일부 진지를 신축하거나 기존 진지를 보수하는 등 '계획한 대로 준비하고, 준비한 대로 싸우기 위한' 작전활동의 일환으로 진지공사가 추진되어야 한다.

춘계 전투진지공사의 경우 동계기간 동안 기능이 저하된 진지와 교통호, 대피호 등을 보수하고, 하계 수목이 울창하게 될 것을 고려하여 각 진지별로 사격방향에 맞도록 사계 및 시계청소를 실시해야 한다. 반면 추계 전투진지공사는 하계기간 강우로 인해 유실된 진지 및 교통호 보수와 동계시간을 고려한 전투준비 활동을 병행하여 실시하도록 감독해야 한다

동계 전투준비의 중요성은 전례가 입증하고 있다. 동계 전투준비는 주요 전투장비와 방어 책임지역 일대의 전투진지, 지뢰

지대 등의 장애물 등이 정상적으로 기능발휘가 가능하도록 보온재를 준비하고, 동결 방지대책 수립 등 일련의 혹한 극복 활동을 말한다. 동계 전투준비는 지면이 결빙되기 전에 종료될 수 있도록 추계 전투진지공사 간에 집중적인 준비를 해야 한다.

동계 전투준비 중요성에 대한 대표적인 전례는 6·25 전쟁시 장진호 전투일 것이다. 동계 전투준비에 미흡했던 미군의 악전고투를 우리는 기억해야 하며, 이러한 혹한 상황 하에서도 전투에 승리할 수 있도록 전투준비에 만전을 기해야 한다.

적은 계절은 물론, 시간과 장소도 가리지 않는다. 적은 아군이 예상하지 못한 시간과 장소, 방법으로 공격할 것이다. 즉, 적이 공격하기 유리한 시간과 장소, 아군이 방어하기에 마찰의 요소가 증대된 시간과 장소에 예상치 못한 방법으로 공격할 것이다. 다시 말해 적은 계절을 포함한 기상과 시간, 장소를 가리지 않고 공격할 것이며, 이는 아군의 방어임무 수행에 상당한 어려움을 가져다 줄 것이다.

지형과 기상 등을 포함한 계절적 제한사항을 사전에 극복하기 위해 준비하는 일련의 활동은 앞서 언급한 최악의 상황을 방지하고 전투준비태세를 완비하는 부대활동의 핵심인 것이다. 폭염과 혹한 환경 하에서 추진될 수밖에 없는 전투준비활동에 장병들이 적극적이길 바라는 것은 지휘관 희망사항이다. 그러나 이러한 희망은 지휘관의 항재전장의식과 현장에서의 솔선수범이 없으면 절대 이루어지지 않는다는 점을 알아야 한다.

또한 진지방어형태의 전투준비만이 아닌 공세적 작전을 위한 준비와 훈련도 동일한 수준으로 숙달시켜야 함은 당연하다. 대·소부대를 막론하고 공격이 최상의 방어이기 때문이다. 따라서 언제든지 즉각 공격할 준비가 갖추어져야만 비로소 전투준비태세가 갖추어졌다고 할 수 있다.

> 윗사람의 몸가짐이 바르면 명령하지 아니하여도 백성은 행하고 그 몸가짐이 바르지 않으면 비록 호령하여도 백성은 따르지 아니한다.
>
> (其身正不令而行, 其身不正 唯令不足)
>
> -공 자-

3
교육훈련

군대는 국민교육을 담당하는 핵심기관이다

"군대는 국민교육의 도장"이라는 말을 많이 한다. 왜 그런가? 이는 군대교육이야말로 전인교육이며 국민교육에 기여하는 바가 지대하기 때문이다. 전인교육이란 지·덕·체를 고루 갖춘 인재를 길러내기 위한 교육을 말한다. 군대야말로 지·덕·체를 고루 갖춘 훌륭한 전사(戰士)를 요구하기 때문에 명실상부한 전인교육의 도장인 셈이다.

군대생활은 인생에 있어 '썩은' 기간이 결코 아니다. 군 생활을 통하여 사회에서 교육받지 못하는, 그리고 평소에 느끼지 못했던 순수한 애국, 애족 정신을 함양할 수 있다. 뿐만 아니라 민주시민으로서 필요한 인간관계를 배울 수 있으며, 어떠한 역경 속에서도 이를 극복할 수 있는 인내심, 적응력, 복종의 미덕, 겸양지

덕, 진정한 우정 등 몸소 체험을 통해 무궁무진한 무형의 자산을 얻을 수 있는 곳이 바로 군대인 것이다. 규칙적인 생활과 체육활동을 통해 세파를 헤쳐나갈 수 있는 강인한 체력을 연마할 수 있는 곳이기도 하다. 이밖에도 단체생활을 통해 협동심, 도덕성 그리고 상급자에 대한 예우법, 동료들과 어울리는 법, 하급자를 지도하는 방법 등 다양한 인성교육을 받을 수 있는 전인교육의 도장인 것이다.

군 생활의 성패는 인생의 행·불행을 좌우한다. 왜냐하면 20대 초반의 군 생활은 사회생활의 출발점이기 때문이다. 지금까지는 부모님과 선생님의 그늘과 보호에 의존하여 살아오다가 자아를 발견하고 성인으로서의 첫 경험을 맛보는 광장이자 시험대가 되는 곳이 바로 군대인 것이다.

군대를 다녀온 대다수의 한국 남자들은 군대생활을 통해 인간관계는 물론 역경 속에서 살아남는 법을 배웠다고 한다. 군대사회는 인간사회의 척도로서 오히려 인간적 경험과 인생의 모든 문제가 고농도로 압축되어 있는 곳이다. 인간의 근본적 감정인 희노애락(喜怒哀樂)이 강도있게 교차하는 곳도 군대사회이며, 조국애와 동료애 등 인간에게 가장 소중한 사랑의 요소가 절실하게 요구되고 밀접하게 상호작용하는 곳도 군대사회인 것이다. 결국 군은 가정, 학교, 사회 어디에서도 볼 수 없고, 배울 수 없는 소중한 것을 간직하고 있는 보고(寶庫)인 셈이다.

한국 사회에서 "군대에 가더니 사람 버렸다."라는 말은 없으며 "군대 갔다 오더니 사람됐다."라는 말을 많이 한다. 군에서의 재교육은 시대적 요청이며, 군은 이러한 요청에 적극 부응해야 한다. 지휘관과 부대의 모든 간부는 조국의 미래를 짊어질 역군을 양성한다는 사명감을 갖고 장병 전인교육에 최선을 다해야 할 것이다. 군에서의 교육훈련도 이러한 대국적인 취지를 충분히 반영시켜야 할 것이다.

내 부대가 실전에 강한 부대인가?

미국의 국가훈련센타(NTC, National Training Center)를 다녀온 많은 한국 장군들은 공통적으로 "미군이 세계 최강의 군대가 된 비결을 알 수 있었다."라고 말한다. 이라크전에 참전했던 미군 대령은 "이라크 자유작전에서 성공적으로 싸울 수 있었던 것은 NTC에서의 순환훈련 때문이었다."라고 했으며, 한 병사는 "실제 전투보다 NTC 훈련이 더 힘들었다."라고 진술하기도 했다. 한국군도 KCTC 훈련참가 기회를 확대하거나 수준을 높이고자 다방면의 노력을 경주하고 있다. 이러한 미국의 성과와 한국의 시도는 부대 교육훈련을 실전적으로 하기 위한 제도적·실천적 노력이라 할 수 있다.

창군 이래 우리 군의 모든 지휘관들은 공통적으로 실전적인 교육훈련을 지휘중점으로 제시한 가운데 나름대로의 방법을 적용해 왔다. 아마 이러한 기조와 방침은 앞으로도 변치 않을 것이며, 최근 군에서 강조하고 있는 '강한 전사, 강한 군대' 또는 '전투형 강군'도 이러한 맥락이라 볼 수 있다.

전장에서의 승리는 단순한 병력의 수나 '무모한' 용기보다는 교육훈련을 통한 전투기술의 숙달에 달려 있다. 유럽을 석권한 로마의 베제티우스는 "적보다 전투기술이 부족하면 패배하기 마련이다. 오직 훈련만이 승리를 보장한다."라고 언급하면서 교육훈련의 중요성을 강조하기도 하였다. 부하에 대한 진정한 사랑은 단순히 편하게 해주고 회식을 시켜주는 데 있는 것이 아니라, 유사시 전장에서 승리함으로써 살아서 부모님께 건강하게 돌려보내는 것이다. 이러한 진정한 사랑은 평시 실전적 교육훈련을 통해 구현된다. 다시 말해 지휘관은 '평시에 흘린 땀 한방울이 전장에서 피 한방울을 아낀다.'라는 말처럼 실전적 교육훈련을 통해 국가에 대한 충성과 부하에 대한 진정한 사랑을 실천해야 하는 것이다. 전역한 병사들의 얘기를 들어봐도 작업에 대한 불평·불만은 있지만 훈련에서 고생한 것을 욕하지 않는다. 특히 실전적이고 강한 훈련을 받은 병사일수록 전역해서 군을 비방하거나 군을 욕하지 않는다.

그렇다면 실전적인 훈련을 위해 필요한 것은 무엇인가? 무엇보다 지휘관을 포함한 전 장병의 현장 마인드가 가장 중요하다. 훈련을 위한 현장이 곧 전장임을 명심하고, 실전적인 상황에서 교육훈련을 실시해야만 강한 전사, 강한 군대로 탈바꿈될 수 있는 것이다. 과거에는 6·25전쟁과 월남전에 참전한 간부들이 있어 전장실상을 고려한 교육훈련이 가능했다. 반면, 현재는 실전 경험지가 없기 때문에 실전적인 교육훈련에 한계가 있다. 피를 흘리지 않고 전투를 체험할 수 있는 방법은 무엇인가? 군에서 KCTC 훈련방법을 도입하고 있긴 하지만 예산과 시간문제로 모든 부대가 참가하기는 어렵다. 실전적 교육훈련을 위한 다양한 방법과 기법을 개발할 필요가 있는 것이다.

훈련이 잘된 부대는 위기시 침착하고 일사불란하게 대응하지만, 훈련이 미흡한 부대는 우왕좌왕하여 상하간 스트레스만 가중시키게 된다. 따라서 지휘관은 항상 "내 부대가 실전에 강한 부대인가?"를 자문하면서 어떤 상황에서도 즉각 행동화 가능한 강한 전사를 육성할 수 있도록 교육훈련에 매진해야 한다.

정신교육은 군 전력의 굳건한 토대이다

하급제대 지휘관(자)으로 내려갈수록 장병 정신교육에 대한 고충을 하소연한다. 필자가 사단장으로 재직시 중대장들로부터 많은 질문을 받았던 것도 정신교육 분야였다. "야전 실정에 맞는 최선의 정신교육 방법이 무엇인지 추천해 주십시오.", "정신교육이 성과를 거두려면 어떻게 하는 게 좋습니까?" 등 예하 지휘관들의 질문에 대해 사단장으로서 딱히 "바로 이거다."라고 손에 쥐어주는 해답은 쉽게 할 수가 없었다.

남북 분단의 현실 속에서 북한보다 절대 우위의 전력을 확보해야 된다는 측면에서 볼 때, 우리 군은 과연 정신전력에 만족할 만한 수준인가에 대해 자성해 볼 필요가 있다. 국방 능력의 기본요소 중에 국민의 정신력도 포함되어 있는 것처럼 장병들의 정신적인 무장정도와 정신교육 수준이 군 전력의 토대가 된다. 역대 국방정책에 단골처럼 등장하는 '정예장병 육성'은 어떻게 가능한 것일까? 이는 하루아침에 이루어지는 것이 아니며 오랜 기간의 꾸준한 교육과 강도 높은 훈련과 평가에 의한 피드백을 통해 정신력, 체력, 전술전기라는 3가지 요소가 구비되었을 때 비로소 가능한 것이다.

그렇다면 군의 정신전력을 강화하기 위해서는 어떻게 해야 할 것인가? 무엇보다 지휘관의 합리적이고 인간적인 리더십 발휘가 필요하다. 지휘관의 덕망이 부족하거나 헌신·봉사정신이 결여될 경우 부대내 상경하애(上敬下愛) 기풍과 인화단결을 저해시킬 수 있다. 또한 장병 정신교육에 있어 인간성 실현에 중점을 둘 필요가 있다. 일부 부대에서 지휘관 정신교육을 소부대 지휘자나 정훈장교에게 일임시킴으로써 건전한 시민으로서의 인간성 실현 교육보다는 이념교육에 편중된 교육이 진행되는 경우가 있다. 정신교육은 교육훈련의 일환으로 실시되어야 함에도 불구하고 마치 별개인 것으로 인식함으로써 정신교육의 방향감각을 잃게 되는 것이다. 이럴 경우 부대 정신전력의 증강 노력은 반감되고 만다.

이 외에도 부조리를 근절하고 부대가 합리적으로 운영될 수 있도록 공명정대하고 질서정연한 부대 분위기를 조성해야 한다. 병영생활에 부조리가 있을 경우 병사들은 군대를 인생의 마이너스로 인식하게 됨으로써 부대단결이나 교육훈련에 소극적이고 피동적인 자세를 취하게 된다. 이러한 부정적 결과는 군 전력의 증강이 아닌 퇴보를 의미한다. 위에서 언급한 내용을 종합해 보면, 군 정신전력을 강화시키는 추진력은 결국 지휘관으로부터 나온다는 것이다. 지휘관이 장병들의 인간성 실현을 위해 노력하고 부하들의 마음을 움직일 수 있을 때 정신교육의 효과를 기대할 수 있는 것이다.

장병 정신교육의 방향은 애국심을 고양하고, 삶의 가치를 심어주는 데 두어야 한다. 대한민국 국민으로서 진정한 애국심을 갖고 참된 삶의 가치를 발견하게 될 때, 한 인간이자 군인으로서 본분에 충실하게 되며, 이는 결국 군 전력은 물론 국가 국방력을 끌어올리는 결과가 된다. 군대생활을 하면서 환경을 보호하고, 에너지를 절약하며, 대민지원에 참여하면서 부지불식간에 애국을 실천하는 기회를 갖게 된다. 거창한 애국이 아닌 생활 속에서 국가가 무엇인지를 생각하게 되고, 조국이 건재한 이후에 개인이 존재할 수 있다는 진리를 터득하게 되는 것이다.

정신교육의 질적 향상을 꾀하기 위해서는 철저한 교육준비와 더불어 효과위주의 교육방법이 필요하다. 교육자료와 시청각 교재 등 교보재를 사전에 충분히 확보해야 하며, '시간 때우기' 식이 아닌 시사교육과 흥미를 유발할 수 있는 다양한 교육기법을 동원해야 한다. 계급과 직책만으로 정신교육의 교관이 될 수는 없는 것이다. 교관 임무수행을 위해 교육내용과 관련한 자료를 완벽히 숙지하고 해당 과제에 대한 신념화가 선행되어야 함은 물론, 병사들과 함께 생각하고 토론하며, 명확한 결론을 제시할 수 있어야 한다.

간부교육은 부대발전의 원동력과 촉진제이다

용장 밑에 약졸 없다. "용장(勇將) 밑에 약졸(弱卒) 없다."라는 말은 리더의 역량이 조직 전체의 역량을 좌우할 만큼 영향이 크다는 의미이다. 간부, 특히 지휘관의 역할과 자질이 조직의 역량 발휘에 얼마나 절대적인 영향을 주는지에 대해서는 전례가 입증하고 있다. 교육훈련의 일부로서 간부교육의 중요성이 바로 여기에 있는 것이다.

우리 군에서 실시되는 간부교육은 크게 양성 및 보수교육, 그리고 부대교육으로 대별된다. 여기에서 양성 및 보수교육은 논외로 하고 부대 간부교육의 중요성에 대해 간략히 필자의 의견을 피력하고자 한다.

실무부대에서의 간부교육은 다양한 형태와 방법으로 실시되고 있다. 이러한 부대 간부교육은 개인별 학구열과 참여도에 따라 정도의 차이는 있지만 부대근무 자체가 교육의 연장인 셈이다. 이뿐만 아니라 부대 간부교육은 간부 개개인의 자질향상은 물론 부대발전의 원동력이자 촉진제가 된다. 상급자에 대한 존경과 신뢰 역시 이러한 부대 간부교육의 부수적 산물이라 볼 수 있다.

이처럼 중요한 부대 간부교육이 소기의 성과를 거두기 위해서는 무엇보다 동기부여가 필요하며, 지휘관으로서는 교육여건 제공과 신상필벌의 제도적 장치 마련에 지휘관심을 경주해야 할 것이다.

한국적 특성에 상응하는 능력과 자질을 구비해야 한다. 군대의 간부는 부대의 기간이며, 지휘통솔과 부대관리를 담당하는 책임자를 말한다. 지휘통솔 차원에서는 분대장 이상의 지휘자 및 지휘관을, 부대관리 차원에서는 하사급 이상의 간부를 의미한다. 이러한 간부들에게는 해당 계급과 직책에 상응한 능력이 요구된다. 세계적인 군사 전문가와 명장들이 강조하는 전문 직업군인의 능력과 자질을 종합해 보면, 전문지식, 판단력, 창의성 3가지가 공통적으로 언급된다.

그렇다면 한국적 특성에 부합된 군 간부들의 능력과 자질은 어떤 것들이 있는가? 위의 3가지 요소 외에 분단현실을 고려한 별도의 능력과 자질이 필요할 것이다. 바로 간부 개개인이 신념화된 특유의 정신무장을 토대로 병사들에게 교육시킬 수 있는 능력이 요구되는 것이다. 전문적인 직무수행 능력과 더불어 확고한 국가관과 대적관에 기초한 정신무장이 구비되지 않으면 한국군 간부로서 자격이 없다는 뜻이다. 다시 말해 부여된 임무와 현 직책을 효과적으로 수행할 수 있는 실무능력, 전투지휘 및 교육훈련에 필요한 전문적 직무수행능력, 그리고 합리적이고 효율적인 부대운영에 필요한 부대관리능력을 구비한 가운데 확고한 국가관과 대적관으로 무장된 '한국형' 군 간부를 요구받고 있는 것이다.

다양한 형태의 간부교육을 활용하여 교육효과를 제고시켜라. 현대전은 고도의 첨단무기와 장비를 토대로 한 과학기술전쟁의 양상을 보이고 있다. 하지만 이러한 전쟁을 수행하는 핵심은 인간이기 때문에 강군(强軍)과 전승(戰勝)을 위해서는 간부의 정예화가 필수적이다. 간부의 정예화를 위해 필연적으로 대두되는 것이 바로 간부교육이다.

현재 군에서 간부를 대상으로 실시되는 교육의 형태는 정과교육, 소집교육, 자습교육, 그리고 수시 기회교육 등으로 구분된다.

먼저, 부대 간부교육의 주종을 이루고 있는 정과교육은 통상 대대가 기본이 되며, 이는 부대활동과 연계되어 계획적으로 실시된다. 이러한 정과교육은 대대가 기본이 되기 때문에 대대장 자신의 철저한 준비와 노력이 필수전제가 되며, 상급지휘관의 관심과 지도 정도가 교육성과를 좌우한다.

소집교육은 실무수행능력을 향상시키기 위해 통상 상급부대 지휘관이 소집하여 실시하는 교육방법이다. 상급 지휘관은 교육 성격에 따라 소집대상 및 수용능력, 교관능력, 그리고 교육준비 상태 등을 꼼꼼히 확인해야 한다. 이때 유의할 점은 예하부대별 교육성적 결과에 따른 상벌을 적용할 때는 공정성과 부대별 경쟁 정도에 관심을 가져야 한다. 경쟁이 과열될 경우 예하 지휘관 간의 불화를 초래하거나 부대가 비정상적으로 운영될 위험이 있다.

자습교육은 부대 임무수행에 필요한 배경지식 습득과 개인 자질 향상을 위해 필요한 교육방법이다. 부대 간부들이 사행성 게임이나 유흥업소에서 시간을 허비하는 풍조를 과감히 없애는 대신 자기계발과 부대발전을 위해 지휘관은 동기를 부여하고 그 여건을 최대한 보장해 주어야 한다.

수시교육은 각종 회의나 결산, 의식행사, 순찰, 훈련감독, 식사시간 등 가용한 접촉기회를 최대 활용하여 토의 및 대화 형식으로 진행하는 교육방법이다. 위에서 소개한 정과 및 소집교육, 자습교육에 비해 지휘관의 열정과 관심을 간부들에게 전할 수 있는 방법이다.

지휘관은 어떻게 하면 간부교육 성과를 높일 수 있을까 항상 고민해야 한다. 간부교육에 있어 무엇보다 필요한 것은 분위기 조성이다. 세월타령만 하거나 매사에 적당주의로 일관하는 간부가 판을 치는 부대라면 간부교육을 통해 과감히 일대 수술을 가해야 한다. 지휘관은 "한 마리의 양이 이끄는 백 마리의 사자 무리보다 한 마리의 사자가 이끄는 백 마리의 양 무리가 더욱 강하다."라는 말을 되새기며 간부교육에 소홀함이 없어야 할 것이다. 특히 남북대결이 첨예한 상황에서 간부 정예화는 승패를 결정짓는 핵심요소임을 명심해야 한다. 간부 정예화를 외면하거나 이를 소홀히 하는 간부는 곧 이적(利敵) 행위를 자초하고 있다고 해도 과언이 아니며, 이러한 차원에서 지휘관은 간부교육에 지휘역량을 집중해야 하는 것이다.

싸우는 방법대로 훈련하고, 훈련한 대로 싸운다

체력은 전투력과 직결된다. 군인은 기력이 왕성하고 체력에 자신 있어야 한다. 최근 게임이나 TV 시청과 같은 비활동적인 놀이문화와 패스트푸드에 익숙한 신세대 장병과 하루하루 바쁜 일과를 핑계로 체력단련을 게을리 하는 일부 간부의 체력이 문제가 되고 있는 것이 사실이다. 군에서 힘든 체력단련을 과연 재미있게 할 수 있을까? 일부 부대에서는 힘든 체력단련을 재미있게 유도하기 위해 신세대 장병들이 선호하는 가요를 부르거나 박수를 치면서 신나게 구보를 하기도 하고, 선임병이나 동기끼리 줄넘기나 턱걸이 시합 등 게임성 프로그램으로 "하하 호호" 웃으며 단결력을 배양하기도 한다.

"건강한 신체에서 건전한 정신이 깃든다.", "체력은 국력이다."

라는 말처럼 장병 개개인의 강인한 체력은 혹독한 전장에서 적과 싸워 이길 수 있는 전투력의 근간이 된다. 집을 지으려면 터전과 주춧돌이 필요한 것처럼 건강한 신체는 군인의 기본적 토대가 된다. 특히 지휘관에 있어서 건강은 부대의 건강과 직결된다. 나약한 신체의 지휘관은 건전한 판단을 할 수 없을 뿐만 아니라 의욕과 투지조차도 가질 수 없다. 몸이 건강해야 왕성한 활동력이 나오는 것이다. 일찍이 장병들의 체력단련에 등한시 했던 군대가 승리한 적이 없고, 국민들의 건강에 힘쓰지 않은 국가가 부흥한 적도 없었다.

지휘관은 과음·과식을 피하고, 음식을 조심하여 항상 좋은 컨디션을 유지해야 한다. 또한 과로하지 말고 규칙적이며 절제된 생활을 해야만 전투지휘, 교육훈련, 부대관리에 전념할 수 있다. 국력은 국민이 건강해야 상승할 수 있고, 부대의 전투력은 부대 구성원의 체력과 지휘관의 건강과 비례한다는 점을 명심해야 한다. 이러한 차원에서 지휘관은 자신의 건강과 체력관리는 물론, 부대 장병들의 체력단련에 지휘관심을 쏟아야 한다.

지휘관이 장병 체력단련과 관련하여 각별한 지휘관심을 쏟아야 할 점은 체력단련 여건을 마련하는 일이다. 병사들이 정과 체력단련시간 이외에도 틈나는 대로 개인 취향에 따라 운동을 즐길 수 있도록 시설을 제공하고, 붐을 조성하는 등 여건조성이 무엇보다 중요하다. 체력단련 붐 조성을 위해 소위 '건강 마일리지'(Run Together) 등의 자율적 방법과 통제방법을 활용할 수 있지만, 두 가지 방법을 적절히 혼용함으로써 장병들의 체력단련 동기를 최대한 부여하도록 해야 한다.

지휘관과 부대 장병이 혼연일체가 되어 효과적으로 체력단련을 하게 될 경우 얻게 되는 선물은 많다. 우선 변화되어 가는 자신을 보면서 자신감을 갖게 될 것이다. 그뿐만 아니라 군 생활에 활력이 생기고 업무성과도 배가되며, 조직의 화합과 단결에도 긍정적인 역할을 하게 된다. 지휘관과 장병이 같이 호흡하고 땀을 흘리면서 오가는 진솔한 대화와 전우애는 결국 부대의 전투력을 높이는 촉매제가 될 것이다.

병기본훈련을 통해 조건반사적인 전투기량을 숙달해야 한다. 병기본훈련은 강인한 정신력과 체력을 배양하고 전투기술을 숙달하여 개인 전투임무 수행능력 완성을 목표로 한다. 그러므로 전투임무위주 훈련제도의 개념이 적용된 병기본훈련은 전투상황에 부합되도록 훈련상황을 조성하고, 이에 대응하는 훈련과제를 행동화함으로써 조건반사적인 전투기량이 숙달될 수 있도록 구성되어야 한다. 하지만 이러한 이상적 개념 제시와는 달리 시행과정에서 행동보다는 이론 위주의 강의식 훈련과 긴 훈련 반복주기 등의 이유로 훈련성과를 100% 달성하기에는 부족함이 많다.

필자가 그간 군 생활의 경험을 통해 얻은 병기본훈련의 노하우(Knowhow)를 간단히 정리해 보고자 한다. 지면상 구체적인 설명보다는 원칙적인 몇 마디로 요약한다. 병기본훈련에는 개인화기 사격, 각개전투, 경계, 화생방, 수류탄, 진지구축, 지뢰 및 철조망, 구급법 등의 과목이 포함된다. 이러한 병기본훈련 과목들은 대부분 신병교육대에서 1차적으로 교육하기 때문에 신병전입 시에 신병교육대 자료를 정확히 분석해야 한다. 신병교육대

교육성적을 기초로 자대 교육훈련 시의 달성목표와 최종목표를 개인별로 차등화하여 설정하고 체계적으로 지도하면 부담감도 감소시키고 자발적 훈련의지를 높일 수 있다. 또한 훈련 후 기록이 현저하게 향상된 병사에 대해서는 포상을 함으로써 동기를 유발시키고, 종합전투력 측정시 우수자 가산점 부여제도를 마련하면 우수자의 수준은 전문가 수준으로 향상될 것이다.

병기본훈련에 대한 평가는 대부분 개인평가로 진행되지만, 팀워크훈련요소를 반영한 평가 혹은 합격률 대신 부분적으로 명중률을 적용하여 가산점을 부여하는 방법을 병행한다면 훈련성과를 높일 수 있다. 특히, 개인화기 사격의 경우 특등사수에게 가산점을 부여하면 하향 평준화되었던 기존 평가체제의 단점이 보완됨으로써 우수자가 더욱더 노력할 수 여건이 보장되기도 한다. 이뿐만 아니라 이러한 과정에서 분대장의 역할과 능력이 부각되어 분대장의 권위가 신장되는 등 부가적인 긍정적 효과도 기대할 수 있다.

주특기훈련은 팀의 통합된 전투력을 평가해야 한다. 주특기훈련은 개인훈련과 장비위주 집체훈련으로 구분된다. 개인훈련은 장비에 대한 개인의 전문성 배양을 위해 실시하고, 장비위주 집체훈련은 팀이 보유한 장비를 효율적으로 운용하여 임무를 수행할 수 있는 능력을 갖추기 위해서 실시한다.

필자는 그간 장병들의 주특기훈련 시에는 팀워크 평가에 중점을 두었다. 팀워크훈련의 핵심은 팀내 우수자와 저조자가 잘 협력하여 완성된 팀워크를 발휘하게 함으로써 성공적인 임무수행을 보장하게 하는 것이다. 이를 위해 부대의 훈련수준을 평가하는 외부평가 시에는 각 직책별 수준을 별도로 평가하기보다는 '팀의 통합된 전투력'을 평가하도록 하였다.

개인별 수준은 다소 차이가 있더라도 팀장을 중심으로 우수자와 저조자가 협동하여 임무를 성공적으로 수행하면 그 팀은 우수하게 평가를 받는 것이다. 이러한 방식을 적용한 결과, 팀 합격률이 증가하면서, 수준 저조자의 부담이 감소되고 훈련의지가 증대되었으며, 전우간의 협동심은 물론 전투력이 상승하는 시너지 효과(synergy effect)도 창출되었다.

팀워크의 종합숙달과 완성은 전술훈련이다. 전술훈련은 병기본 및 주특기훈련, 간부훈련이 망라된 종합훈련이다. 장차전에서 수행해야 할 해당 제대의 전투임무 완수에 요구되는 주요과업과 전투기술을 숙달시키기 위해 실시하는 부대훈련이 전술훈련인 것이다. 다시 말해 전술훈련은 병기본훈련, 주특기훈련, 간부훈련 등 개인 및 팀 훈련을 완성하고 이를 바탕으로 분·소대부터 사단급까지 팀워크를 향상시킬 수 있는 훈련인 것이다. 분·소대, 중대급까지는 적과 가까운 거리에서 급박하게 전투를 수행하기 때문에 반복 숙달을 통해 신속하게 대처할 수 있는 능력을 길러야 하며, 대대급 이상에서는 통합된 전투수행을 위해 지휘관을 포함한 지휘부에서 적시적절하게 대처할 수 있는 능력을 숙달해야만 실전에서 승리할 수 있는 것이다.

그렇다면 '무엇을 어떻게 훈련할 것인가?' 이는 부대임무와 작전계획을 보면 해답이 있다. 부대의 특성과 여건에 따라 임무와 작전계획이 다르므로 전술훈련을 실시하는 방법과 과제는 이러한 임무와 작전계획에 부합되어야 한다. 즉, 진지방어 임무를 부여받은 부대는 방어진지에서 적의 공격을 효과적으로 방어하기 위한 방법을 중점적으로 훈련을 해야 하고, 기동방어 임무를 부여받은 부대는 적의 공격상황에 따라 어떠한 기동로와 방법으로 기동하면서 방어할 것인지를 중점적으로 훈련을 해야 한다.

또한 후방지역 부대의 경우는 적의 침투전술에 준하여 병력운용과 병력배치를 어떻게 할 것인지에 중점을 두고 훈련을 해야 한다. 후방지역 부대가 전방부대처럼 공격과 방어훈련을 한다면 이는 부대임무를 고려한 실전적 훈련이 아닌 것이다. 물론 이 부대를 전장의 상황변화에 따라서 집결후 역습부대 등으로 활용을 할 경우도 있을 수 있기에 공격 · 방어 전술훈련이 필요하게 될 경우도 있으나, 우선적으로 현재의 임무에 기초를 두고 전술훈련을 우선적으로 완료해야 한다. 이러한 점을 고려하여 전술훈련을 구상한다면 '무엇을 어떻게 훈련할 것인가'에 대한 답을 찾을 수 있을 것이다.

임무형지휘에 대한 명확한 이해와 실천이 필요하다

임무형지휘가 야전부대 지휘관들에게 뿌리내리고 우리 군의 지휘문화로 발전·승화되려면 임무형지휘에 대한 정확한 이해가 필요하다. 일부 지휘관들이 임무형지휘에 대해 편견을 갖거나 혹은 '만병 통치약'으로 오해를 하는 경우가 있어 몇 가지 제언을 하고자 한다.

먼저, 임무형지휘 개념에 대한 오해를 버려야 한다. 임무형지휘를 활성화하려면 우선 '임무형지휘 개념은 전술적 상황과 임무에만 적용할 수 있다.'라는 고정관념을 버려야 한다. 그러기 위해서는 지휘관 스스로 전투준비, 교육훈련, 부대관리 전 분야에 걸친 간부교육을 주도하고, 필요시 자신의 의도와 개념이 반영된 지침을 하달해야 한다. '독단활용'이라고 해서 '무한대의 행동의 자유'가 보장되는 개념이 결코 아님에 유의해야 한다.

둘째, 지휘관 스스로 제 역할을 찾아야 한다. 전시 상급 지휘관의 역할은 명확한 자신의 의도와 임무를 하달하고, 예하 지휘관은 부여받은 임무를 완수할 수 있도록 여건을 조성하는 것이다. 임무부여는 물론 수단을 제공하는 것도 상급 지휘관의 역할인 동시에 의무인 것이다. 즉, 상급 지휘관은 훈련에 필요한 장비, 물자, 예산 등 훈련과 관련된 모든 수단을 제공할 책임이 있는 것이다.

셋째, 임무형지휘는 결과뿐만 아니라 과정을 관리하는 것이다. 대부분의 군 임무는 목표로 제시되며, 그 성과와 능력은 결과로 평가된다. 그러나 상급 지휘관은 결과를 알게 되기 전까지 업무수행과정에서 예하 지휘관과 지속적으로 접촉하게 된다. 이러한 과정은 결과에 결정적인 영향을 미친다. 따라서 목표 달성은 임무수행과정과 불가분의 관계에 있기 때문에 지휘관은 결과에 대한 수용은 물론, 과정과 결과 모두에 대해 책임지는 자세가 요구된다.

넷째, 임무형지휘에 있어 무엇보다 믿음이 요구된다. 평소 불합리하고 비이성적인 지휘관을 전시에 누가 따르겠는가? 또한 건전하지 못하고 책임감이 약한 부하를 누가 믿겠는가? 임무형지휘가 가능하기 위해서는 상하 지휘관은 물론 부하 상호간에 믿고 맡겨야 한다.

다섯째, 임무형지휘를 활성화하기 위해 명확한 의도와 지침은 필수적이다. 상급 지휘관의 의도를 분명하게 이해해야만 전장에서 지휘관은 긴급한 결정을 내릴 수 있다. 평시 부대운영에 있어서 상급 지휘관은 명확히 의도와 지침을 제시하는 것이 습성화되어야만 유사시 오판과 혼란을 방지할 수 있다.

여섯째, 임무형지휘에서는 원활한 의사소통이 요구된다. 평소 간부교육은 가급적 지휘관이 직접 실시함으로써 유사시 지휘관의 개념이 왜곡되지 않도록 해야 한다.

마지막으로 지휘관은 결과를 온전히 수용해야 한다. 예하 지휘관이 창의적인 자세로 열심히 훈련하다가 다소의 실수가 있더라도 관용의 자세로 수용해야 상급 지휘관에 대한 존경과 신뢰를 갖게 된다. 지휘관의 권한은 위임할 수 있지만 책임은 위임할 수 없기 때문에 임무형지휘에 있어서도 부하의 잘못이나 실패는 지휘관이 수용해야만 하는 것이다.

예비군 교육훈련은 정성과 사랑, 그리고 정신계도가 핵심이다

권한 위임과 지휘권 확보가 예비군 관리의 핵심이다. 필자는 사단장으로 재직하는 동안 방대한 해안경계 책임과 함께 엄청난 규모의 예비군 부대들도 관할했다. 이처럼 방대한 규모의 예비군을 관리하는 데 있어 핵심은 예비군 지휘관 관리에 있었다. 예비군 지휘관에게 응분의 권한을 위임하여 지휘권을 확보해 준 결과 예비군 조직관리는 예상외로 성공을 거두었다.

평시는 물론 을지연습 등 민·관·군 통합훈련 때만 되면 동대나 직장예비군 부대를 방문하였으며, 특히 행정관서장이나 직장 상사 앞에서 예비군 지휘관의 보고를 받을 때에는 칭찬과 노고치하를 아끼지 않았다. 우수한 동대나 직장예비군 부대는 부대표창을, 개인적으로 우수한 동대장 혹은 부대장은 개인표창을 함과 동시에 인접 예비군 지휘관들로 하여금 표창현장에 배석토록 하였다. 이러한 조치 결과 예비군 지휘관들이 '경쟁적'으로 업무에 매진하였으며, 행정관서와 현역 군부대와의 매개 역할에도 적극적으로 나서는 긍정적 성과를 보았다.

"내 고장 내 직장은 내가 지킨다." 예비군 교육을 내실있게 진행하기 위해서는 향토방위정신을 일깨워주는 것이 그 어느 방법보다 주효하다. 현장감과 현실감을 고려한 인간교육이 필요한 것이다. 이러한 정신교육은 사단장을 포함한 연대장, 대대장 등 지휘관이 교육주체가 되어야 한다.

예비군은 과거 현역시절 군 교육을 통해 전술전기를 연마하고 군 생활의 경험을 충분히 쌓은 사람들이다. 그렇기 때문에 효과적인 반복교육 혹은 복습만 이루어지면 소기의 교육성과를 달성할 수 있다. 스스로 할 수 있는 분위기를 조성해 주되, 소정의 합격수준에 도달할 경우 귀가조치를 약속하면 교육성과는 대단히 높아지게 된다. 자율은 강한 책임을 수반하기도 하지만 창조를 낳는다는 말이 예비군 교육훈련에 꼭 들어맞는다. 한편, 예비군 관리에 있어 인간적인 대우를 해주되 엄정한 신상필벌이 병행되어야 한다. 잘한 사람에겐 반드시 칭찬과 포상을 해주고, 잘못한 사람에겐 규정과 방침에 근거하여 엄벌해야만 예비군 교육훈련 기강이 서게 된다.

예비군 교육을 담당하게 되는 지휘관들에게 있어 가장 중요한 것은 정성과 사랑이 깃든 인간적 교육을 기본원칙으로 삼아야 한다는 점이다. 예비군 교육은 직업교육이 아닌 인간교육 차원에서 실시하되, 내 고장 내 직장은 내가 지킨다는 향토방위 정신을 심어줄 때 그 성과도 배가될 수 있다는 점을 명심해야 할 것이다.

예비군 = 국민 정신계도 요원 예비군은 대한민국 국민의 핵심 연령계층으로서 가정과 직장, 그리고 지역사회의 주도적인 역할을 담당하고 있는 사람들이다. 뿐만 아니라 현재 병역중에 있는 젊은 장병들의 선배들이다. 지휘관은 이러한 예비군의 위상과 역할을 충분히 고려하여 국민교육 차원에서 이들을 활용할 필요가 있다.

대한민국의 예비군들이 각자 제 위치에서 빛과 소금의 역할을 해준다면 대한민국 사회는 어떻게 될까? 분명 한국사회는 놀라울 만큼 도덕적 활력을 되찾게 될 것이며, 이 외에도 예상치 못한 분야에서도 획기적인 변화와 발전을 기대할 수 있을 것이다. 이러한 차원에서 예비군 자원을 국민 정신계도 요원화할 수 있는 지휘관들의 지혜와 책임감있는 자세가 필요하다고 본다.

부대관리 I - 조직관리

부대 조직을 활성화시켜라

지휘관은 합리적으로 행동하고 솔선수범하며 구성원 간에 의사소통이 활성화되도록 하고 상호 존중하는 분위기를 조성해야 한다. 이렇게 하면 부대 장병들은 상호 신뢰하고 부대원들 간에 화합 · 단결하며 양보하는 분위기가 조성된다.

지휘관은 매사를 정직하고 공정하게 처리해야 한다. 학연, 지연, 혈연 등 사사로운 정이나 물질적인 것에 유혹되지 않도록 해야 한다. 규정과 방침을 준수하고 상식 범위 내에서 공정하게 상벌과 임무를 처리해야 한다. 부하를 편애하지 말고 사리사욕을 버려야 하며, 부하들에게 공평하게 베풀어야 한다. 금전문제는 아무리 사소한 것이라도 명확하고 깨끗하게 처리하고, 부하들을 위해서는 필요할 때 기분 좋게 베풀어야 한다.

지휘관은 자기 업무에 정통해야 한다. 자신의 임무와 수행해야 할 업무를 먼저 숙지해야 한다. 업무수행에 필요한 전문지식을 갖추고, 업무의 핵심을 파악함과 아울러 문제의식을 가지고 업무를 수행하는 것이 중요하다. 업무에 정통하면 상관으로부터 신뢰를 받고 부하로부터 자연스럽게 존경을 받게 된다. 또한 성공적인 임무완수와 좋은 성과는 부하의 공으로 돌려 칭찬해 주고, 실패를 했거나 성과가 저조할 경우에는 내 탓으로 돌리는 것을 습성화해야 한다. 동일한 실패를 반복하지 않도록 원인을 분석하고 대책을 강구해야 한다. 부하의 잘못이 있을 경우 결과만으로 책임을 추궁하지 말아야 하고, 과정도 중요시 하면서 부하들의 잘못을 감싸준다면 부하들은 지휘관을 신뢰하지 않을 수 없을 것이다.

지휘관은 자신부터 솔선수범해야 한다. 간부다운 품위를 유지하고, 먼저 솔선수범하여 헌신하는 모습을 보이지 않으면 아무도 그렇게 하지 않는다. 어렵고, 힘들고, 위험한 일일수록 지휘관이 선두에 서야 한다.

구성원 간의 의사소통을 활성화하기 위해서는 하고 싶은 이야기를 부담 없이 할 수 있는 여건을 보장해 주어야 한다. 부하와 상급자 간에 의사소통을 활발하게 할 수 있도록 다양한 의사소통 체계를 마련해야 한다.

상호 존중하는 분위기를 조성하고, 임무부여나 지시를 할 때 부하의 입장을 고려해서 해야 한다. 임무를 완수하지 못했거나 성과가 저조할 때는 먼저 부하의 입장에서 생각하고 조치하는 것이 필요하다. 부하가 잘못했을 경우 처벌을 하기 전에 먼저 부하의 입장을 살펴보아야 한다. 내가 상급자에게 바라는 바대로 부하를 대해 주고, 내가 부하에게 원하는 바대로 상급자를 섬기는 마음 자세를 갖는 것이 필요하다. 부하가 자신이나 가족의 문제로 어려움을 당했을 때는 나 자신이 그러한 일을 당했다고 생각하고 적극적으로 도와주어야 한다. 이런 지휘관이 지휘하는 부대에서는 상급부대에서 과제가 부여되면 부하 장병들이 '다 같이 합심해서 빨리 끝내자.'라는 마음으로 일을 하게 된다.

반면, 지휘관이 독선적이고 이기적이거나 언행이 불일치한 모습, 혹은 부조리를 일삼는다거나 사리사욕을 보이는 것은 금물이다. 그런 모습을 보이게 되면 그 부대는 부대원들 간에 불신과 불평불만이 높아지고 대화는 단절되며 서로를 이용하려는 분위기만 팽배하게 된다. 이런 부대의 장병들은 무슨 일에서든 지휘관에 대해 '어디 자기 혼자 잘 해봐라.'라는 마음으로 매사에 수수방관하는 자세를 취하게 된다. 합리적인 부대 지휘만이 성공을 보장한다.

개인보다 부대 경량화 추진에 최선을 다하자

개인의 건강관리가 비만 제거라면 부대의 건강관리는 불필요한 물자를 제거하는 것이다. 개인관리의 핵심인 비만 제거는 체력단련이나 전술훈련을 통해서 할 수 있고, 부대관리의 핵심인 포화된 창고의 경량화는 초과품이나 폐품과 같은 불필요한 물자를 정리하여 제거함으로써 성공할 수 있다.

전투부대 창고 경량화는 운영용 물자관리, 치장물자 관리, 보유 및 비치품목 관리라는 세 가지 창고관리 원칙을 적용함으로써 달성할 수 있다.

운영용 물자관리의 주요 조치는 인가량의 105%를 보유하고, 초과물자는 반납해야 한다. 보관 물자는 품목별로 구분하여 저장하고, 인화물질은 별도로 보관하는 것이 바람직하다.

치장물자 관리의 주요 조치는 분기 단위로 치환작업을 하고, 적재 불출 우선순위에 따라 물자를 보관해야 한다. 또한 예방정비 계획을 수립하여 시행하고, 치장 해체도구를 비치해야 한다.

보유 및 비치 품목의 관리는 필수 비치 품목을 비치하고, 보유 품목 현황을 한눈에 파악할 수 있게 표지판을 작성하여 비치하는 것이다. 인화물질 보관함과 소화기를 비치하고, 전기 차단도구와 휴대용 전등을 비치해야 한다. 품목 표지판과 치환 및 순환 계획이 수록된 현황판과 내부 배치도를 작성하여 비치하도록 한다. 전투부대는 평소 창고 경량화를 통하여 임무수행 여건이 보장되도록 하여야 한다.

환경보전, 후손을 생각할 때

환경오염 요인을 찾아서 제거해야 한다. 친환경적 생활습관을 실천하여 생활오수 및 폐기물을 줄여야 한다. 특히 오수처리, 유류창고, 생활폐기물, 그리고 야외 훈련시의 환경오염 예방에 관심을 가져야 한다.

오수처리 및 정화시설 관리를 철저히 하도록 한다. 주 1회 이상 반드시 부대 울타리 주변을 순찰하여 간이 정화시설을 통과하지 않는 오·폐수가 있는지 확인한다. 정화조, 오수정화시설은 연 1회 이상 내부 청소를 하도록 한다. 배수로 주변에 물이 고여 있는지 확인하고, 오수 및 폐수처리시설의 최종 처리수는 반기 1회 이상 수질을 측정하도록 한다. 우천 시에 정화시설 내로 빗물이 유입되지 않도록 조치하고, 훈련 후에는 순찰을 실시하여 오염원을 제거하도록 한다.

유류탱크 및 유류취급지역은 토양오염 방지대책을 강구해야 한다. 드럼야적장 바닥은 콘크리트로 포장하여 오염을 예방한다. 유류탱크의 유수분리 밸브 아래에는 누유받침대를 설치해야 한다. 유류탱크가 누유되거나 유·수가 분리되는지 확인하고 주유 간 토양오염 방지를 위한 누유 받침대를 활용하도록 한다. 자주 개폐하는 드럼에는 개·폐형 밸브를 설치한다. 평소에 오일펜스, 흡착포 등 방재물자를 확보해 놓고, 유류배관은 누유 여부를 쉽게 확인할 수 있도록 지상에 설치하며, 최종 방류지역에 흡착포를 설치하여 기름누출을 예방한다.

생활폐기물 감량화를 적극 실천하도록 한다. 폐기물 분리수거 용기를 종류별로 발생장소에 비치하고 재활용 불가품목은 지자체에 위탁 처리한다. 생활폐기물은 종량제 봉투나 진개차를 이용하여 지자체의 매립시설이나 소각시설에 위탁 처리한다. 1회용품 사용을 근절하고, 친환경제품 사용을 생활화하도록 한다. 야외훈련 간에 발생한 쓰레기는 전량 부대로 가져와서 처리하고, 잔반 '제로화'를 적극적으로 추진하며, 생활쓰레기 실명제 및 자기 컵 갖기 운동을 전개하도록 한다.

이제는 우리 군이 '안보 지킴이'에서 한 걸음 더 나아가서 '환경 지킴이'로서도 국가 환경정책에 선도적인 역할을 해야 할 때이다.

3S를 고려한 부대운영 필요 (3S: Slow, Safe, Smile)

충실한 과정보다 신속한 목표 달성만을 강조하다 보면 부대운영이 무리하게 되어 안전사고를 부를 수 있다. 충실한 과정을 보장하기 위해서는 3S가 필요하다.

먼저 Slow이다. 부대는 경·중·완·급의 상황에 따라 운영방법에 변화를 주어야 한다. 때에 따라 천천히 하는 것이 그 이상의 효과를 달성할 수 있다. 낙타는 천천히 가기 때문에 장거리 목적지에 닿을 수 있는 것이다. 부하들에게 일일, 주간, 월간 등 예정된 부대활동을 미리 알려 심리적 불안감을 해소시켜 주어야 한다. 일과표를 준수하고 불필요한 집합과 통제를 지양하며 자율 활동 시간을 철저하게 보장해 주는 것이 필요하다. 부대활동은 우선순위에 따라 추진해야 한다. 무조건 1등, 무조건 좋은 결과에 집착된 강요는 지양하고, 무엇보다 여건을 충분히 보장해 주며, 자발적으로 노력할 수 있도록 동기를 부여해야 한다.

둘째는 Safe이다. 모든 부대활동은 반드시 안전을 고려하여 실시해야 한다. 안전은 부대 임무수행에 있어서 가장 기본적인 사항으로 아무리 강조해도 지나치지 않는다. 그러므로 모든 부대활동에서 안전 요소를 고려하며 안전조치를 취할 수 있도록 생활화해야 한다. 모든 부대활동 간에 예상되는 안전 위해요소가 무엇인지를 사전에 확인하고 점검해야 한다. 작전활동, 교육훈련, 진지공사, 체육활동 등 모든 부대활동을 계획하고 실시할 때 안전요소를 반드시 고려하여 조치해야 하며, 부대활동을 시작할 때 위험예지훈련을 습성화해야 한다.

셋째는 Smile이다. 모든 부대원들이 웃으면서 격려하고 배려하는 활기찬 병영을 만들어야 한다. 칭찬과 인정은 부하들에게 동기를 부여해주고 의욕과 용기를 불러일으키며, 부대원들의 적극성을 고무시키는 원동력이 된다. 병영생활에서는 작은 관심으로 부하를 감동시키는 것이 중요하다. 부하들의 이름과 목소리를 기억하여 이름을 불러주고, 영내에서 만나도 그냥 지나치지 말고 인사말을 다정하게 나누는 것이 좋다. 부하들의 잘못으로 상관으로부터 질책을 받았을 때 부하들 앞에서 웃음을 보일 수 있는 아량을 가져야 한다. 부하의 생일을 기억하고 축하해주며, 몸이 아플 때 특별히 관심을 가져 주는 것이 필요하다. 잘할 때나 외롭고 힘들어 보일 때 편지, 메모, E-mail 등을 이용해서 칭찬과 격려를 해 주는 것도 필요하다. 또한 부하의 애로나 고민사항을 찾아서 조치해 주고, 부하가 기본권을 제한받으면서 업무를 수행했거나, 부하로부터 사소한 도움이라도 받았다면 반드시 '수고했다', '고맙다'라는 인사를 해야 한다.

지휘권은 3S를 통하여 부대운영의 강약을 조절해야 한다. 천천히 단계를 밟아가면서, 위험요소를 미리 제거하여 안전한 방법으로, 서로 칭친하고 웃으면서 업무를 수행할 수 있게 템포를 조절해 주어야 한다. 이런 조치를 통해 활기있는 부대 분위기가 조성되고, 나아가 기대 이상의 성과를 달성할 수 있다.

햇볕이 드는 곳에는 곰팡이가 피지 않는다

'확인 또 확인'을 생활화해야 한다. 주요 업무에 대한 확인은 최소한 다섯 번 해야 한다(5 checks). 다섯 번의 확인은 check, recheck, cross check, double check, final check를 말한다.

성공적인 부대관리는 수많은 지시보다는 눈과 귀, 손과 발을 통한 현장 확인을 통해 이루어진다. 모든 지시사항을 상급자의 의도대로 부하들이 완전하게 이행할 수는 없다. 부하들이 지시사항을 제대로 이행하거나 준수하도록 하기 위해서는 확인이 반드시 필요하다. 질문이나 백브리핑을 통해서 지시사항에 대한 부하들의 이해 여부를 확인할 수 있다. 확인은 직접 현장에 가서 눈으로 보고, 손으로 만져보고, 감각으로 느끼는 것이 중요하다. 이행상태가 만족스럽지 못할 경우에는 문제점을 확인하고 조치해야 한다. 부하들의 노력이나 성과에 대해서는 위로하고 인정하며 칭찬해야 한다. 지휘관은 음지를 비추는 눈이 되고 전등이 되어야 한다.

위험요소도 사전에 충분히 예지할 수 있는 방법이 있다. 바로 위험예지 4단계를 적용하여 세밀하게 살펴보면 사고예방의 길이 열린다. 위험예지 4단계는 다음과 같다. 첫째, 현상 파악이다. 어떠한 위험이 잠재되어 있는가를 파악한다. 둘째, 본질 추구이다. 무엇이 위험의 포인트인가를 확인한다. 셋째, 대책수립이다. 나라면 어떻게 하겠는가를 판단한다. 넷째, 목표 설정이다. 어떤 조치를 취할 것인가를 결심하고 이를 시행한다. 예방조치는 곧 사고예방과 동의어이다. 무사고 부대의 99%는 위험예지훈련을 생활화하고 있다는 사실을 상기하기 바란다.

생각과 습관 속에 스며드는 나태의 곰팡이가 가장 무서운 것이다. 내 생각의 곰팡이를 먼저 제거하고, 부하의 머릿속 곰팡이에 소독약을 쳐야 한다. 내 임무와 생활 속에 찌든 곰팡이를 변화와 혁신의 플래시로 비춰보아야 한다. 햇볕이 쬐는 밝은 병영 건설은 사고예방의 지름길이다.

훈련장에서 터득한 군기와 습성은 전투에서 가장 중요하다. 배운 습성대로 본능적으로 행동하기 때문이다 그러므로 훈련시 병사들의 잘못은 현장에서 즉각 엄정하게 시정하도록 교육시켜야 한다.

– M. W. 클라크 –

부대관리 II - 인간관리

복무 부적합자는 먼저 가슴으로 끌어안아라

이전에 경험해 보지 못한 새로운 환경에 적응하는 일은 누구에게나 큰 스트레스로 다가온다. 가정과 사회의 보호막을 떠나 군 복무를 하는 장병들이 부대적응에 어려움을 갖는 것은 지극히 당연한 일이다. 그러나 일부 장병은 그런 어려움의 정도가 상당히 심각하여 지휘관에게 큰 지휘부담으로 작용한다. 지휘관이 적극적으로 노력하고 환경을 개선하여 문제가 잘 해결되는 수도 있지만, 일부 장병들의 문제는 지휘관의 통제나 조치 범위를 넘는 것일 수도 있다. 지휘부담이 아무리 큰 경우라 할지라도 지휘관은 이들이 정상적으로 부대복무를 할 수 있도록 모든 방법을 강구해야 한다. 지휘부담이 크다고 해서 이들의 부대 복무 유도조차 포기하는 것은 지휘권을 포기하는 것과 같다.

복무 부적합자가 발생했을 때 부대 내에서 취할 조치사항은 다음과 같다. 먼저 부모와 면담을 해서 조치방향을 논의하는 것이 필요하다. 일부 장병들은 군에 입대하기 전부터 안고 있는 문제로 인해 군 복무에 어려움을 겪는다. 불우한 가정환경이나 이성문제가 문제의 주된 원천이다. 해당 장병의 문제를 가장 잘 알고 있는 사람은 부모님이다. 따라서 부모와의 면담을 통해 문제점을 정확히 파악하는 것이 우선적으로 할 일이다.

전우조를 편성하여 이를 잘 활용함으로써 부적응자의 적응 문제를 도와줄 수 있다. 병사들끼리는 훈련, 작업, 근무 등 24시간 내내 같은 공간에서 생활하기 때문에 상호 적시적 도움을 주고받을 수 있다. 또한 비슷한 연배이기 때문에 공유하는 요소가 많을 뿐만 아니라 다 같이 의무복무를 하는 처지인 만큼 서로 마음의 문을 열고 대화를 나누기가 가장 좋은 사이이다. 같은 전우들 중에서 어려움을 겪는 전우를 위로하고 마음을 북돋아 주며, 문제가 있는 인원에 대해서는 밀착 관찰을 통해 불미스러운 사고를 미연에 방지하도록 한다. 전우조는 조원의 행동을 감시 감독하기 위한 것이 아니라 조원끼리 서로 어려움을 도와주고 사고를 방지할 목적으로 편성하여 운영된다는 점을 주지시켜야 한다.

더불어 비전 캠프 입소, 병원 후송, 보직 조정, 징계 등의 방법을 동원하여 내무생활의 변화를 모색할 수 있다. 이러한 방법을 통하여 자신의 군 생활과 진빈적인 인생을 설계할 수 있는 기회를 부여해 줄 수 있다. 그런데 이런 다양한 기법을 사용함에 있어 주의할 점은 병사로 하여금 이런 방법을 문제 상황이나 현실을 회피하는 수단으로 활용하게 해서는 안 된다는 것이다.

이러한 여러 가지 노력에도 불구하고 지휘부담이 계속 증가할 경우에는 현역복무 부적합 대상자로 분류하여 사단에 조치 건의를 해야 한다. 이때 병원 근거서류, 학교 생활기록부, 동료 확인서, 지휘관 확인서, 기타 참고가 될 만한 근거서류가 필요하다. 현역복무 부적합자로 상부에 상신할 경우 군사령부 심의를 거쳐 분리 조치가 이루어질 때까지는 약 1개월이 소요된다. 이 경우 해당 인원에 대해 추가적으로 문제가 더 발생하지 않도록 더욱 관심을 갖고 관리해야 한다.

생계유지가 곤란한 병사는 병무청에 조치를 의뢰해야 한다. 군복무 중인 본인 이외에 가족을 부양할 사람이 없는 장병은 해당 조건이 충족되는 경우 병무청에 근거서류를 제출하여 현역에서 분리시켜야 한다. 이때 가족의 부양비율, 월소득액, 재산의 정도 등이 의가사 제대 여부 판단의 기준이 되므로 관계법령을 사전에 면밀히 검토해야 한다. 그리고 일부 지방병무청에서는 '생계곤란 병사 고충해결 프로젝트'나 '생계곤란 병역감면 처리 전담반' 등 저소득층 병사에 대한 지원 및 관리 제도를 운영하고 있으므로 이를 잘 활용하는 것이 좋다.

복무 부적합자를 인지하는 즉시 무조건적으로 분리하는 것은 악습만 키우는 것이 된다. 그들이 정상적으로 부대 복무를 할 수 있도록 최선을 다하여 유도하는 노력이 선행되어야 한다. 그러나 이러한 노력이 한계에 이르렀을 때 비로소 복무 부적합자로 분류하고 상급부대에 조치를 의뢰한다. 그리고 본인과 다른 병사들에게 왜 그러한 조치를 취하게 되었는지를 명확하게 설명해 주어야 한다.

균형된 부대운영과 병 기본권을 보장하라

장병의 보직 관리는 장기적인 안목에서 이루어져야 한다. 편제에 맞는 보직을 부여하고, 휴가와 포상은 공정하게 처리해야 한다. 과거 군의 운영체계가 완전히 정립되지 않았던 시기에는 비인가 보직을 두어 편의대로 병력을 운용하는 경우가 종종 있었다. 그러나 편제에 의하지 않는 비인가 보직 운용은 각개 병사의 복무 의욕을 저하시킬 소지가 있을 뿐만 아니라, 군에 대한 부정적인 인상을 심어줄 수 있다.

지휘관은 편제에 의한 병력관리를 함으로써 합리적이고 합법적으로 임무 분담이 되도록 해야 한다. 편제를 벗어난 병력 운영이 때로는 더 효과적인 것처럼 보일 수 있다. 갑작스럽게 부가적인 임무를 부여받거나 분초를 다투는 업무를 처리해야 하는 경우에 편제를 벗어난 초과 병력 운용의 유혹에 빠지기 쉽다.

그러나 거시적으로 보면, 이러한 초과 병력 운용은 여러 가지 폐해를 발생시킨다. 말하자면 보충 지연을 초래하고, 지도방문이나 검열이 있을 때 부대운영의 혼란을 가중시키게 된다. 예를 들어 상급부대의 특정 부서에 비인가로 편제되어 행정 업무를 담당하는 병사가 검열 때문에 잠시 자신의 원 보직에서 임무를 수행하는 경우 해당 병사는 원 보직에서 어떤 일을 해야 할지 전혀 알지 못하기 때문에 우왕좌왕하게 된다. 더불어 상급부대에서도 비인가 병력이 담당하던 업무의 공백을 대체할 수 있는 수단을 찾아야 한다. 한 부대나 부서의 병력 초과 운영은 다른 부대나 부서의 미달 운용을 초래한다는 사실을 인식해야 한다.

주요 특기병에 대한 임의 보직 조정은 군의 전문성 확보차원에서도 손실이고, 그 특기병 개개인에게도 손해를 주는 일이다. 우리 군은 전문적인 지식과 기술을 필요로 하는 분야에서 특기병 제도를 운영해 오고 있다. 입대를 앞두고 특기병에 지원하기 위해 필요한 지식을 쌓고 학원을 다니는 인원이 상당히 많다. 또 우리 군에서는 각 병과별로 신병교육 후반기 교육을 통해서 군에서 필요한 전문지식과 기술을 교육시키는 데 많은 시간과 비용을 들이고 있다. 이러한 측면에서 본다면 운전, 통신 등 후반기 교육을 수료한 인원을 다른 부서에 배치하여 활용한다는 것은 국가 예산의 낭비를 초래함과 동시에 개인의 발전도 저해하는 일이다. 지휘관은 특기병이 적재적소에 배치되도록 하여 개인이 갖고 있는 능력과 노하우를 군 생활에서 최대로 활용되도록 하고, 나아가 이것이 사회에도 환원될 수 있도록 관심을 경주해야 한다.

장병의 휴가 일수는 복무 기간 중에 모두 사용할 수 있도록 해야 한다. 휴가는 장병들의 가장 큰 관심사 중의 하나이다. 하는 일이 어렵고 쉽고를 떠나서 사람에게는 주기적으로 휴식이 필요하다. 부대 일에 매진하다 보면 심신의 피로가 쌓이고, 또 가족이나 사랑하는 사람과 오랫동안 떨어져 있다 보면 그들이 보고 싶고 그리워지는 것이 인지상정이다.

휴가는 개인에게 부여된 기본권이기 때문에 이를 보장해 주지 않으면 불평과 불만의 원천이 된다. 적절한 주기와 적정 기간의 휴가를 보장해 줌으로써 기본권이 보장될 수 있도록 해야 한다. 휴가는 업무를 잘 했을 때 포상의 수단으로도 활용할 수 있고, 어려운 일이 생겼을 때 위로의 수단으로 활용할 수도 있다. 휴가를 활용한 적시적인 포상과 위로는 복무 동기를 부여하는 좋은 계기가 된다.

시스템 밖에서 움직이면 과감히 도태시켜라

인간의 생사가 걸려 있는 전투라는 극한 상황 속에서 군 조직이 기능을 제대로 발휘하려면 평상시부터 다른 어느 조직보다 더 강력한 군기가 확립되어 있어야 한다. 이러한 이유 때문에 군에서는 명령에 대한 절대 복종을 생명처럼 여기고, 규정이나 방침, 제도의 준수를 특별히 강조한다. 따라서 군복을 입은 사람으로서 규정, 방침, 제도를 벗어나려는 것은 군인임을 포기하는 행위라고 볼 수 있다.

룰(rule)을 지킬 줄 아는 군인이 되어야 한다. 예를 들어 면허증이 없는 간부가 차를 샀고, 거기다 음주운전 중 교통사고가 발생하였다면 이는 결코 용서받을 수 없는 행위이다. 상급 지휘관을 속이고, 군 간부로서의 본분을 망각한 행동을 하는 것은 군인임을 포기한 것으로 간주할 수밖에 없는 것이다. 병사들도 규정과 방침을 어기고 싶은 유혹에 빠지는 상황이 많다. 예를 들어 연말연시의 이완된 분위기에 편승하여 선임병이 지휘관에게 보고하지 않고 몰래 야간 회식을 계획한다. 허가되지 않는 술을 내무반에 반입하여 음주를 한다면 이 역시 엄하게 처벌받아야 한다.

상관을 속이고 규정을 위반하는 행동은 부대 내 규정준수 의식을 저하시키고, 각종 사고의 원인이 된다. 몰래 음주를 하고 실탄을 소지한 채 야간 경계근무에 투입된 경우를 상상해 보라. 오발사고도 날 수 있고, 평소 특정인에 대해 갖고 있던 악감정이 술기운을 빌어 치명적인 사고를 유발할 수도 있는 것이다. 승인된 음주회식의 경우라면 간부들이 필요한 안전조치를 취하기 때문에 문제발생 가능성이 적다. 그러나 몰래하는 규정위반 행동은 필요한 통제가 취해지지 않기 때문에 또 다른 사고로 이어지기 쉽다.

룰을 지킬 줄 안다는 것은 책임감이 있다는 말이다. 병영생활의 기본은 법과 제도를 지키는 것으로부터 시작된다. 체계화된 법과 제도는 군대조직이라는 유기체에 생명력을 불어넣는 힘의 원천이다. 법과 제도가 무너지면 그 유기체는 생명이 없어지는 것이며, 법과 제도는 한 사람의 잘못으로 인해 무너질 수도 있다. 평상시 법과 규정을 준수하지 않는 장병은 분명 유사시에 임무수행은 물론 부대사기에도 악영향을 미치게 될 것이다.

제도권 밖에서 행동하는 사람은 언제 터질지 모르는 시한폭탄과 같다. 지휘관은 끊임없는 노력으로 시한폭탄, 즉 보호관심 장병을 찾아내고 적시에 적절한 조치를 취해야만 한다.

상벌을 엄격하게 시행해야 한다. 육도삼략(六韜三略)에 보면 "한 사람을 죽여서 삼군이 떨겠거든 아무리 귀족과 중신이라도 참하라. 한 사람을 상을 주어 만인이 기뻐하고 부러워하겠거든 일개 마부와 같은 보잘 것 없는 직위의 사람일지라도 후히 상을 주라"라고 했다. 지휘관이 잘못한 부하를 관대하게 용서해주는 유연한 자세를 갖는 것도 필요하지만, 용서될 수 없는 규율 위반 행위에 대해서는 읍참마속(泣斬馬謖)의 심정으로 공명정대하게 처리해야 한다.

최근의 리더십 지침서들을 보면 사람의 행동을 교정하는데 벌 보다는 상이 더 효과적이라고 언급되어 있다. 또 벌은 주는 사람이나 받는 사람 공히 마음이 상하게 되며 벌주는 사람에 대해 부정적인 감정을 갖게 만들기 때문에 가능하면 벌 보다는 상을 사용하라고 권장한다. 그러나 벌 이외의 다른 통제방법이 없을 때는 벌을 사용해야 한다. 다만 벌을 사용할 때는 절대로 억울함이 없어야 하며 앞서 논의된 바와 같이 주의하여 잘 사용하는 것이 필요하다. 상벌의 명확한 기준을 제시하고 이를 엄정하게 시행하는 지휘관의 모습은 부하에게 신뢰감을 주고, 부하들로 하여금 규정과 방침, 제도를 존중하는 태도와 마음자세를 갖추게 만든다.

현대적 시스템이란 다양한 상황에 전방위적으로 대처할 수 있는 시스템을 말한다. 부대가 이런 시스템이 되기 위해서는 마치 래프팅 보트에 탄 사람들이 각자 자신의 역할에 충실하여 계곡의 거친 강물을 따라 내려가면서 만나는 갖가지 예기치 못한 상황에 잘 대처하는 것과 같이, 각 부대원이 자신의 임무와 역할을 완수할 수 있어야 한다.

시스템이 제대로 가동되려면 각기 다른 역할을 하는 구성요소들이 통합적으로 맞물려 돌아가야 한다. 시스템이 효과를 발휘하기 위해서는 각 구성 요소가 각자의 역할을 충실하게 해내는 것이 전제 조건이다. 군이라는 시스템을 구성하고 있는 개별 구성원들은 본인 자신이 시스템의 일부라 생각하고 자신에게 주어진 임무를 완수하도록 해야 한다. 부대라는 전체 시스템이 제대로 기능을 발휘하기 위해서는 일반적으로 그 부대에서 중요하다고 생각하는 특정 부서나 특정 개인만이 잘 작동해서는 되지 않으며, 모든 부서와 부대원이 각자 자기의 역할을 충실히 해내어야만 되는 것이다.

부대가 기능을 잘 발휘하기 위해서는 구성원 모두가 정해진 시스템 속에서 규정된 법규와 규율을 준수하고, 각자 자기 자리에서 담당한 임무와 역할을 충실히 완수해야 한다. 결국 기본과 원칙에 충실한 부대가 제대로 기능을 발휘하게 되는 것이다.

대화는 오해를 녹인다

오해는 의사소통의 단절에서 온다. 오해는, 하는 사람도 당하는 사람도 모두 상처를 입게 만드는 죄악이다. 오해가 발생하는 이유는 다양하다. 그 중에서 오해를 갖게 하는 중요한 원인 중의 하나가 선입관이다. 인간은 기본적으로 최소의 노력을 들여서 최대의 효과를 얻으려고 한다. 힘은 최소한으로 쓰고, 얻는 것은 최대화하자는 전략이다. 이러한 전략은 인지적 판단에서도 부지불식간에 적용된다. 말하자면 머리는 최소로 쓰고 알아내는 것은 최대화한다는 것이다. '인지적으로 인색하다(cognitive miser)'는 것이 바로 인간의 본질 중의 하나이다. 선입관이라는 것도 실은 인간이 인지적으로 인색한 전략을 사용하는데서 나온다. 상대방을 파악하는 데 있어서 상황이 복잡할 경우에는 자세하게 들여다보는 수고를 줄여 이미 형성된 선입관을 들이대는 것이 훨씬 효율적일 수 있다는 것이다.

그러나 싼 것이 비지떡이라는 말대로, 선입관은 틀린 내용을 담고 있는 경우가 많고, 오해라는 죄악을 생산해내는 원천이 된다. 선입관이라는 미리 준비된 색안경이 상대방을 올바로 바라보지 못하게 만들고 각종 오해를 갖게 만드는 '원흉'인 셈이다.

이러한 오해를 풀 수 있는 해결책은 무엇일까? 오해는 의사소통의 단절에서 오는 것인 만큼 의사소통의 가장 좋은 채널인 대화가 처방약이다. 그러나 대화라는 것도 아무렇게나 해서는 되지 않는다. 만나서 대화를 하는 것이 사태를 더 악화시키는 경우도 많다. 대화의 방식이 중요하다. 군대가 계급 사회이다 보니 위계질서의 확립이라는 규범 때문에 일반적으로 대화가 딱딱하고 피상적으로 되기 쉽다. 상하급자 간의 대화는 특히나 더 그렇게 되기 쉽다. 그러므로 이런 방식의 대화로는 원활한 의사소통이 될 수 없다.

형식적인 대화를 피하고 격식 없는 대화를 해야 한다. 권위의식을 탈피하고 인간적인 면을 견지한 대화를 하도록 노력해야 한다. 지휘관이 자신의 얘기를 쏟아내기 보다는 부하의 이야기에 귀를 기울여야 한다. 부하의 생각이 맞지 않거나 부족한 것이 있다 하더라도 일단 들어주는 아량이 필요하다. 잘못된 점이 있다고 해서 그 자리에서 교정을 해주려고 해서는 안 된다. 부하는 자기가 하는 말이 조금이라도 수용되지 않는다는 느낌을 받게 되면 그때부터는 입을 다물게 된다. 부하의 틀린 점은 고쳐주고 부족한 점을 채워주는 것은 차후에 할 일이며, 그것도 부하가 말하기를 잘했다는 생각이 들도록 하는 방법으로 해야 한다. 부하와 대화를 할 때는 우선 상대방의 말을 들어주고 수용해주는 것이 가장 중요하다.

대화에 있어서 부하의 말을 수용하기 위해서는 역지사지(易地思之)의 관점에서 대화를 해야 한다. 부하와 몸소 부딪치면서 대화를 하는 가운데 부하들의 세계를 이해하게 된다. 부하가 하는 말이 잘못된 생각에 입각해서 하는 것인 경우에도 일단 부하의 입장에 서서 들어보아야 수용이 가능하게 된다. 대화에서 상대방의 말을 수용한다는 것이 그 사람의 말이 맞다고 무조건 인정해준다는 의미는 아니다. 틀린 말이라고 할지라도 그런 말을 하는 그의 심정을 이해한다는 뜻이지, 그 말의 내용을 맞는 것으로 수용한다는 뜻은 아니다. 틀린 말이라도 일단 그 사람의 마음을 수용해 주어야 상대방은 계속 자신의 이야기를 하게 되는 것이다. 부하의 틀린 생각이나 잘못된 관점은 필요하다면 나중에 적시적절하게 교정하면 되는 것이다.

대화의 톤은 차분하게 하고 사려 깊은 언행으로 대화를 해야 한다. 부하는 지휘관을 엄하고 무서운 존재로 생각할 수 있기 때문에 차분하고 사려 깊은 방식으로 대화를 함으로써 그러한 부정적인 이미지를 제거해야 한다. 대화 도중에 마음에 맞지 않거나 답답한 내용이 있다 하더라도 화를 내거나 주의를 주어서는 안 되며, 성급한 언행은 절대 금물이다. "만일 어떤 부하가 네게 잘못한 일이 있거든 그의 잘못을 조용히 타일러 주어라. 만일 그가 말을 듣고 잘못을 고백하면 너는 부하 하나를 얻는 것이다."라는 금언을 한 번 새겨볼 일이다.

리더십은 리더와 부하 그리고 상황이라는 세 가지 요소가 상호작용하는 과정 속에서 이루어지는 현상이다. 리더와 부하 간의 상호작용은 일방향적일 수도 있고 양방향적일 수도 있다. 일방향적인 것보다는 양방향적인 것이 더 활기차고 역동적이며 효과적인 상호작용이다. 상호작용이 원활하게 이루어진 리더와 부하 관계는 상황요소가 주는 난관을 극복하게 하는 원동력이 된다. 어려움에 직면하여 의기소침한 부하에게 등을 두드려주고 따뜻하게 손을 잡아주면 기적을 일으킬 수 있다. 포클랜드 전쟁(1982년 4월 2일~6월 14일)에서 보다 많은 병력과 장비, 지리적 이점을 가진 아르헨티나가 객관적 수치에서 한 수 아래인 영국에게 진 까닭은 무엇인가? 불필요한 계급의식을 제거하고 상하간의 수평적인 커뮤니케이션으로 단결의식을 고취한 것이 승인(勝因)이었다.

부하와 상호작용을 하다보면 칭찬도 하고 비난도 해야 할 수밖에 없는 일이 생긴다. 그런데 비난하는 말은 비수이고, 칭찬의 말은 에너지임을 명심해야 한다. 그래서 비난하는 말은 결투를 신청하듯 신중히 하고, 칭찬은 숨 쉬는 공기처럼 입에 달고 살아야 한다. 부하를 질책할 때에는 특별히 주의해서 해야 한다. 공개적인 비난이나 질책은 호수 안의 개구리에게 돌을 던지는 어린애의 행동과 같다. 지휘관은 무심코 하는 것일 수도 있지만 이를 듣는 부하에게는 평생 마음속에 지워지지 않는 상처가 될 수 있다. 야단을 쳐야 할 경우에는 그 전에 먼저 주변 동료 세 사람의 변호를 듣고, 또 본인에게 먼저 자신을 변호할 기회를 주어야 한다. 이처럼 부하를 질책하거나 야단을 칠 때는 매우 신중하게 해야 하고 방법도 아주 기술적으로 잘 해야 한다.

과거의 리더십이 조정경기와 같다면 현대의 리더십은 래프팅과 유사하다. 조정경기는 잔잔한 물에서 구성원들이 통일되고 일사불란한 행동을 하며, 리더만 전방을 주시하면 된다. 우승의 조건은 속도뿐이다. 반면 래프팅은 상황 예측이 어려운 급류 속에서 구성원 각자가 자신이 처한 상황에 대응하며, 모든 멤버가 전방위를 주시해야 한다. 우승의 조건은 속도에 더해서 생존이다. 래프팅과 같은 상황에서 부대가 목표를 완수하기 위해서는 구성원 모두가 서로 이해하고 협동하는 가운데 각자 자신이 맡은 몫을 충실히 해내야 한다. 이런 조건을 만드는 것이 바로 웃고 대화하는 신바람 병영 문화를 조성하는 것이다.

한 번의 만남도 인연과 악연으로 구분된다

군 생활을 하면서 우리는 수많은 사람을 만나게 된다. 이는 병사들의 경우도 마찬가지이다. 2~3년이라는 꽤 긴 기간을 함께 근무하는 사람이 있는가 하면, 불과 며칠간의 짧은 시간을 함께 보내는 사람도 있다. 누구나 자신과 함께 근무한 사람과 좋은 인연을 맺고 싶어 할 것이다. 그런데 사람과 사람 사이의 인연은 참으로 오묘해서 잠시의 만남이 평생을 가기도 하고, 오랜 시간을 함께 근무해도 특별한 기억과 인상을 남기지 못하기도 한다. 평생을 가는 만남은 좋은 인연이거나 아니면 악연이다. 그렇지 않은 만남은 잊혀진다.

기왕에 만나는 것이라면 잊혀지는 만남이나 악연이 되는 만남보다는 좋은 인연을 맺는 만남이 되도록 하는 것이 좋지 않겠는가? 그리고 군 생활의 성공은 좋은 인연을 많이 만들고, 악연을 적게 만드는데 달렸다고 해도 과언이 아니다. 그렇다면 어떻게 하면 좋은 인연을 만들 수 있을 것인가? 그 핵심은 골육지정의 인간적인 결속이 이루어지도록 하는 것이다.

골육지정(骨肉之情)의 인간적인 결속은 상경하애(上敬下愛)의 정신을 가지고 부하를 성심성의껏 보살펴줄 때 가능해진다. 지극한 애정과 정성을 주고, 항상 부하의 입장에서 부하를 이해하려고 하며, 부하를 위해 정성과 관심을 다하고, 칭찬과 격려를 아끼지 않는 사랑을 베풀 때 부하는 지휘관을 존경하고 따르는 골육지정이 생기는 것이다. 따라서 부하를 잘 보살피는 방법을 다양하게 강구해야 한다. 전입자 100일 축하 행사를 통해 낯선 환경에서 잘 적응하고 있는 병사들을 칭찬하고 북돋워 주는 것도 한 방법이다. 휴가기간 중에 안부 전화를 해주는 것, 생일자 축하와 입실자나 후송자를 위문하는 것, 직책 및 계급별 간담회를 마련하는 것 등 생각할 수 있는 다양한 방법을 동원하여 시행하여야 한다. 지휘관의 입장에서 보면 작은 배려이지만 부하에게는 큰 은혜가 될 수 있는 것이다.

악연(惡緣)은 본인이 인지하지 못하는 아주 사소한 일에서부터 시작될 수 있다. 사소한 농담이나 인격 무시가 '비수'가 되는 경우가 많다. 악연은 상대방의 가슴에 비수를 꽂아 놓은 상태이다. 그러므로 헤어질 때는 그 비수를 뽑아주고 떠나야 한다. 회자정리(會者定離) 거자필반(去者必返)이라 하였다. '만난 사람은 반드시 헤어지고, 떠난 사람은 반드시 돌아온다.'라는 뜻이다. 불가(佛家)의 윤회사상에서 비롯된 말이지만, 어떤 면에서는 돌아오는 것은 사람뿐만이 아니다. 내가 남에게 꽂아놓은 비수가 다시 내게로 돌아올 수도 있는 것이다.

상대방을 귀하게 대우해야 그 사람이 귀하게 행동한다. 그리고 자신도 더불어 귀해지는 것이다. 작은 만남이라도 좋은 인연이 되도록 성심을 다하는 것이 대인관계의 기본이다.

전입 신병은 신생아와 같은 존재다

전입 신병은 신생아와 같아서 많은 보살핌과 도움이 필요한 존재이다. 일반사회와는 가치관과 행동방식, 생활환경이 완전히 다르고 아는 사람이라고는 아무도 없는 병영에 첫발을 디딘 전입 신병은 무엇을 해야 할지 모르고 또 모든 것이 낯설기 때문에 불안감에 휩싸인다. 이런 전입 신병에 대해서는 우선 마음을 잘 다독여서 불안감을 해소시켜 주고, 그가 해야 할 일들을 하나하나 잘 가르쳐 주는 것이 필요하다. 이것은 간부들이 잘 감독해야 할 일이지만, 내무생활을 같이 하는 분대장과 분대원이 함께 적극 협조해야 가능한 일이다. 전입 신병을 방치하면 사고를 유발하고, 전체 부대의 사기를 저하시킨다.

전입 신병에 대해 지휘관은 친자식과 같이 생각하고, 선임병들은 형제와 같은 마음으로 포용하고 관리하여야 한다. 그리하여 정과 사랑으로 상호 신뢰하는 평생 전우 관계가 구축되도록 모두가 노력해야 한다. 신병의 마음을 잡는 열쇠는 결국 부대원 전체가 보여주는 애정과 관심이다.

'내가 먼저 웃고, 정감어린 인사말 나누기' 운동을 지속적으로 전개하는 것이 필요하다. 전입 신병에게는 병영 내의 모든 사람이 두려운 존재이다. 그 사람들이 웃는 낯으로 대해주고 먼저 인사를 해준다면 얼마나 마음이 편해지겠는가? 그런 가운데 경직되었던 마음이 풀리고 점차적으로 모두가 부모님 같고, 모두가 형제 같다는 생각을 갖게 될 것이다. 부대원들은 평소 생활 속에서 따뜻하게 대하고 상대방을 존중하며 배려하는 말을 사용하도록 해야 한다. 선임병들이 전입 신병을 놀리거나 장난치지 못하도록 하고, 언어 순화를 통하여 존중하고 배려하는 병영 분위기를 조성해야 한다.

'4-4-4 병력관리 시스템'을 적용하여 효율적인 병원(兵員) 관리를 하는 것도 신병관리의 효과적인 방법이다. 4-4-4 시스템이란 소대, 중대, 대대가 매일 반드시 4명을 밀착 관리하는 것이다. 이 활동 내용은 상향식 일일결산을 하여 대대장에게까지 관찰내용이 보고되도록 하고, 필요시 지휘관이 직접 찾아가서 관심을 표명하고 필요한 지휘조치를 하도록 한다.

휴대폰, e-mail, 마음의 편지, 수시 면담 및 간담회, 주 1회 대대장 및 중대장이 주관하는 계층별, 계급별 간담회 등과 같은 다양한 의사소통 체계를 구축하여 이를 활용해야 한다. 이러한 다양한 채널을 통하여 전입 신병 자신은 물론 그 병사를 가장 가까운 곳에서 지켜보고 있는 선후임병, 그리고 그 병사를 관리하는 지휘 계통을 통해서 필요한 말을 모두 들을 수 있는 것이다. 이처럼 극진한 정과 사랑으로 대해 준 병사는 절대 배신하지 않는다.

군인가족의 내조란?

가족의 내조라 하면 얼핏 남편이 못하는 일을 대신해 주거나, 남편이 하는 일을 보완해주거나, 더 잘하도록 도와주는 것으로 생각할 수 있다. 말하자면 가족도 남편이 하는 부대의 일을 일부분 같이 하는 것으로 생각할 수 있다는 것이다. 그러나 이것은 전혀 맞지 않는 말이다. 가족의 내조란 남편이 못하는 부대의 일을 대신해 주거나 도와주는 것이 아니라, 남편이 부대 일을 잘할 수 있도록 가정사를 잘 꾸리고 마음으로 지원해주면서 보이지 않게 밀어주는 것을 말한다. 그래서 가족은 남편의 군 생활에 관해서는 전혀 없다고 느낄 수 있도록 부대 일에는 침묵하는 마음 자세를 견지해야 한다.

그렇다면 가족은 구체적으로 어떠한 방법으로 내조를 할 것인가? 그 답은 남편을 Em-powering하는 것이다. 이것은 상대방을 내조하여 잠재력을 최대한 발휘하도록 기운을 북돋우는 것을 말한다. Em-powering을 세부적으로 나누어 본다면 Em-trust, Em-free, Em-passion의 3가지가 있다.

Em-trust는 신뢰를 통하여 잠재역량을 육성하도록 하는 것이다. 가족은 남편을 믿어줌으로써 모든 일에 든든한 보이지 않는 손이 되어 주는 것이다. 가족의 신뢰와 존경을 받는 남편은 부대의 일에 매진하여 최고의 성과를 이끌어낼 수 있는 반면, 그렇지 못하는 남편은 부대의 업무에 집중하기 어렵다. 가화만사성(家和萬事成)이라고 하지 않는가! 가족의 신뢰를 받는 사람은 자신감이 충만해져서 모든 일을 긍정적이고 적극적으로 하게 된다. 또한 따뜻한 가정 분위기는 휴식을 제공해주고, 생활의 에너지를 충전해준다.

Em-free는 제약으로부터 해방시켜 주는 것을 의미한다. 이것은 가족이 남편의 일상생활에 대하여 지나치게 간섭을 하지 않고, 부대 일에 관해서는 일체 참견을 하지 않는 것이다. 일상생활의 일에서는 가족의 조언이 건전한 판단이나 문제해결에 도움이 되겠지만 부대업무에 관해서는 가족은 알 필요도 없고 알려고 해서도 안 된다. 가족으로부터 이러한 문제에서 자유로워질 때 사람은 진취적이고 적극적으로 행동할 수 있다. 남편의 판단과 행동이 자신의 생각과 달라서 불만족스러운 부분이 있더라도 남편의 충실한 지지자이며 지원자로서 침묵해주는 포용적인 마음을 가져야 한다.

Em-passion은 지식과 열정을 제고시켜 주는 것이다. 가족은 남편의 부족함을 채워주는 동반자가 되어주어야 한다. 군인은 다양한 사람을 만나고 복잡한 업무를 담당해야 하므로 다방면의 상식과 지식이 필요하다. 독서나 방송 매체의 좋은 프로그램에서 본 내용을 식사 시간이나 함께하는 시간에 대화를 하는 가운데 서로 나누면 지식과 상식도 풍부해지고 업무를 하는 데도 큰 도움이 될 것이다. 또 힘들 때 위로해주고, 일을 잘할 때는 찬사를 보냄으로써 군 생활에 대한 열정을 잃지 않도록 격려해 주는 진정한 동반자로서의 역할을 수행해야 한다.

원만한 가정생활은 즐겁고 보람된 군 생활의 기초가 된다. 상대방이 잠재력을 최대한 발휘하도록 기운을 북돋우는 것이 바로 내조이며, 보이지 않으면서 도움을 주는 손이 가장 아름다운 손이다.

진급이란?

해마다 진급 발표 때가 되면 진급을 학수고대하는 이들과 이를 주변에서 지켜보는 사람들의 초조한 마음을 많이 느끼게 된다. 대부분이 자기 직분에 최선을 다했다고 자부하며 진급을 기대한다. 그리고 이를 곁에서 지켜보는 주변 동료들도 자신에게 다가 올 미래를 그리며 한 마음 한 뜻으로 응원의 마음을 전한다. 그러한 의미에서 진급은 과거에 대한 보상이자 미래에 대한 기대이다.

어떤 사람이 진급을 하게 되는가? 인간적으로 훌륭한 인품을 가지고 있어서 꼭 진급될 것으로 예상하였지만 진급을 못하는 경우도 있다. 반대로, 부하들로부터는 원성을 많이 받는 것 같은데도 진급을 하는 경우도 있다. 두 가지 모두 의외의 결과로 비쳐질 수 있다. 그런데 인품은 훌륭하지만 업무능력이 부족하다면, 또 인품 상에서는 문제가 있지만 업무능력이 뛰어나다면 어떤 사람이 진급하게 될 것인가? 이 두 가지는 모두가 필요한 자질이다. 진급에는 이러한 요소 이외에도 다양한 요인들이 복합적으로 작용한다. 따라서 군을 위해 헌신한 사람 가운데 다양한 요인들이 작용한다는 점을 알아야 한다.

진급과 관련한 여러 요인 중 가장 중요한 것으로서 업무능력과 성실성을 꼽을 수 있다. 자신의 직분에 성실한 자세로 임하고, 효율성 있게 업무를 처리하는 능력을 보유한 사람은 상하의 신뢰를 받기 마련이다. 모든 사람들이 노력하고 있고 더 좋은 성과를 거두려 하고 있다. 성실성이야말로 자신의 단점조차 장점화할 수 있도록 해준다. 진급은 한두 가지의 반짝성 업무로 되는 것이 아니다.

그러나 성실성만으로 좋은 결과를 얻지 못할 때도 있다. 다시 말해 업무에 있어서의 꾸준한 노력과 더불어 효율적인 업무 처리 능력을 보유해야만 한다. 장기적인 관점에서 처리해야 하는 업무가 있는가 하면 즉각적인 조치가 요구되는 업무도 있다. 그러므로 업무의 중요성과 우선순위를 따져서 효과적으로 처리할 줄 알아야 한다. 이러한 능력을 배양하기 위해서는 끊임없는 자기 계발을 통해 진취적이고 창의적인 자세로 업무에 임할 때 그만큼 진급의 가능성도 높아진다.

진급에 있어서 전체와의 조화로운 관계도 중요하다. 조화로운 관계는 업무에 있어서의 통합성과 대인관계에 있어서의 유연성을 동시에 내포하고 있다. 자기 자신의 업무만을 최우선으로 생각하여 다른 사람이나 조직을 배려하지 않는 이기적인 사람은 설령 자신의 분야에서 훌륭한 성과를 내더라도, 조직 융화의 측면에서는 좋은 평가를 받기는 어려울 것이다. 상급자는 자기 업무만 잘하는 간부보다 부대업무 전체가 잘 되도록 노력하고 협조하는 간부를 더 우수하게 평가한다.

조화로움은 대인관계에서도 중요한 덕목이다. 포용력을 가진 사람과 독불장군 식의 외골수적인 성향을 가진 사람 중 누가 더 높게 평가될지는 명약관화한 일이다. 포용력을 기르기 위해서는 사고의 유연성이 선행되어야 한다. 사고의 유연성은 나와 다른 생각이나 다른 행동을 할 수 있다는 가정 하에 다른 사람이 가지고 있는 환경과 성격 특성을 인정하고 이해하려고 노력할 때 길러질 수 있다. 이러한 성격을 가진 사람은 조직과 국가에 헌신할 준비가 되어 있는 사람이다. 명령과 복종이 엄격하게 요구되는 군대 집단에서 이러한 유연성을 기르고 유지하기란 쉽지 않다. 그러나 각고의 노력을 통해 이러한 유연성을 기르는 데 힘써야만 한다.

리더와 엘리트는 유사어로 생각되지만, 실상 리더와 엘리트는 상당히 큰 차이가 있다. 엘리트는 자기 자신만의 발전을 위해 노력하는 사람이고, 리더는 부하와 조직의 발전을 위해 자신을 헌신하는 사람이다. 엘리트는 진급을 하지 못할 수도 있지만 리더는 진급을 한다.

진급은 본인의 노력과 업적의 결정체이다. 진급이란 파도처럼 밀려오는 무수히 많은 과제들을 성공적으로 수행하는 가운데 고난과 역경을 헤쳐 나가면서 뒤로 밀쳐놓은 성과 위에 올라와 있는 모습이다. 진급 선발은 현재까지 노력한 결과에 대한 보상임과 동시에 차후 활용할 곳이 분명히 있는 그 분야의 전문가에게 주어지는 것이다.

아이젠하워는 "아침에 해가 뜨는 것이 당연하듯이 일을 잘하는 사람이 진급(승진)이 되는 것은 당연하다. 허울뿐인 명성과 겉만 그럴듯한 행동, 말만 앞서는 언행, 그리고 내실없는 업적 등은 금방 밝혀진다."라고 말했다. 앞에서 언급한 업무능력, 성실성, 조화로운 관계 등의 요인 이외에도 많은 특성들이 진급에 영향을 미칠 수 있을 것이다. 그러나 변하지 않는 사실 하나는 진급은 결코 행운이 아닌 노력과 열정의 결과물이라는 점이다. 비록 당장 진급이 안 되는 일이 생기더라도 노력과 열정의 결과는 어떤 방식으로든 그 사람을 성공의 반열에 놓이게 만들어 줄 것이다.

6

부대관리Ⅲ- 사고관리

조회와 결산은 반드시 시행하라

모든 일은 시작과 끝이 필요하다. 단 5분이라도 반드시 조회와 결산을 실시해야 한다. 조회와 결산은 간결하게 해야 한다. 조회와 결산시간이 길면 부하들이 지루해하고, 그 만큼 업무시간을 뺏는 결과를 초래한다. 그러므로 가능하면 조회와 결산 시에 다룰 내용을 사전에 점검하고 지휘 방향을 설정하여, 짧지만 모든 안건을 다룰 수 있도록 효율적으로 회의를 진행해야 한다.

조회 시에는 다음의 사항들을 점검해야 한다. 첫째, 최근의 핵심 업무에 대해서 앞을 내다보고 업무를 예측하여 추진하고 있는지를 체크해야 한다. 부여된 현행 임무를 성실하게 하는 것만으로는 부족하다. 여기에서 한 걸음 더 나아가 차후에 부여될 임무를 예측하여 계획하고 준비할 수 있어야 한다. 이를 위해 지휘관은 평소 끊임없이 부대의 문제점을 파악하고, 이에 대해 효과적으로 대처할 수 있는 방안을 강구해야 한다. 미래를 예측하여 업무를 계획하고 추진하는 지휘관은 부대의 자원과 노력의 불필요한 낭비를 방지할 수 있고 상하로부터 신뢰를 받을 수 있다.

둘째, 차량 운행이나 야외 훈련 등 당일의 위험성이 있는 업무에 대해서는 유의사항을 착안하여 강조해야 한다. 예를 들어 차량 일조점호는 형식적으로 차량의 이상 유무만을 파악하는 것이 아니다. 정비 소요를 발견하여 필요한 조치사항을 확인하고, 장비를 무리하게 운용하여 발생할 수 있는 사고요소를 사전 체크해야 한다. 이뿐만 아니라 운전병의 수면시간이나 건강상태, 운전 숙달도 등을 점검하여 당일 운행계획에 차질이 없도록 해야 한다. 이러한 제반사항을 점검함에 있어 차량 일조점호는 반드시 해당 간부의 주관 하에 실시하게 해야 한다. 개인화기 사격이나 공용화기 사격, 실탄이 사용되는 야외훈련은 해당 장소를 사전에 지형을 정찰하고, 주변지역 민간인에게 피해가 발생하지 않도록 대책을 마련하였는지 등을 확인하여 안전에 이상이 없는지 살펴야 한다. 그리고 훈련 간 경계병 배치, 화재발생 대비책, 사전 안전교육 실시 등을 통해 발생 가능한 우발상황에 대비하도록 하여야 한다.

마지막으로, 제대별로 추진해야 할 사항을 명시하여 지시사항으로 하달해야 한다. 부여된 임무가 과다할 경우에는 예하부대의 소부대 지휘관이 업무의 경중을 가리지 못할 수 있다. 부여된 임무를 모두 완수하려는 마음자세는 훌륭하지만, 모든 일에는 경중완급이 있고 우선수위가 있는 법이다. 상급 지휘관이 이 우선순위를 결정해 주는 것이 좋다. 가장 시급하게 해결해야 할 일, 부대에 미치는 파급효과가 큰 일 등 원칙과 규정에 따라 주요 우선순위를 결정하고 전파해야 한다. 우선순위 결정은 체계적으로 이루어져야 하고 임기응변식으로 해서는 안 된다. 임기응변식의 부대운영은 부하들을 혼란에 빠뜨릴 수 있고, 불만을 키우는 요소가 될 수 있다.

결산의 주요 내용은 인원결산, 업무결산, 야간 통제계획 수립 등이다. 첫째, 인원결산은 보호 관심병사, 관사·취사장·보일러실과 같은 취약지역 근무병, 휴가복귀자 등의 실태를 파악하는 것이다. 보호 관심병사나 취약지 근무병사에 대해서는 관리 실태를 세밀하게 점검해야 한다. 특수 근무지 병사는 관리의 사각지역에 놓일 수 있으므로, 생활실태를 점검하고 정상적인 일과표가 준수되고 있는지 확인 감독해야 한다. 또한 휴가복귀자의 경우 건강상태를 점검하고 휴가 중에 발생할 수 있는 각종 사고, 심리상태의 변화 등을 파악해야 한다. 병사들은 자신이 항상 관심을 받고 있다는 점을 인지하고 있을 때 사고의 위험도 줄어든다. 이러한 병력결산은 분대장, 소대장, 대대장은 일일 단위로, 연대장은 주간 단위로, 사단장은 월간 단위로 실시하는 것이 바람직하다.

둘째, 업무결산은 상급 지휘관의 주요 지시사항과 추가, 핵심, 중점과제의 추진진도를 확인하는 것이다. 수립되어 있는 계획에 근거하여 업무 진행속도가 미진한 경우에는 질책을 하기 보다는 그 원인을 발견하고 일이 되도록 도와주거나, 향후 계획을 수정 보완하는데 중점을 두어야 한다. 이를 위해 업무추진 간에 발생한 문제점을 파악하도록 하고, 이에 대한 해결책을 강구하도록 해야 한다.

셋째, 야간 통제계획은 야간 작전활동, 야간 퇴근자, 야근자, 회식 등 유동병력에 대한 통제계획을 확인하고 점검하는 것이다. 야간에는 병사들을 중심으로 부대가 움직이므로, 그만큼 지휘공백이 발생할 우려가 큰 시간대이다. 그러므로 지휘관은 야간 당직 근무자가 확인해야 할 사항, 부대 운영계획 등을 세밀하게 점검해야 한다.

하루 업무를 1주기라고 생각하고, 계획에서 결과까지 시작과 끝을 분명히 하는 부대관리가 이루어지도록 해야 한다.

무기고, 탄약고, 내무실은 눈으로 24시간 완벽하게 경계

야간에 일어날 수 있는 광경들을 한번 생각해보자. 예를 들어 야간 당직 근무자는 'CCTV가 감시하고 있으니 난 자도 되겠지.'라는 안일한 생각을 하고 졸음에 빠져든다. 야간 보초 근무자들은 '무슨 소리가 들리는 거 같은데 보이질 않으니…….'하면서도 움직이기가 귀찮아서 소리가 나는 것 같아 보이는 지점을 확인하지 않는다. 초소의 위치가 잘못되어서 사주 관측이 잘 되지 않아 모든 보초 근무자들이 '초소를 언덕 위에 세워야지 여기에서 뭐가 보이나?'라는 생각을 매번 하면서도 이를 상부에 보고하여 개선하려고 하지 않는다. 이러는 사이에 침입자는 철저한 사전준비를 하여 담장을 뚫고 침입해서 초병이 휴대하고 있는 무기를 탈

취하거나, 무기고에 보관되어 있는 실탄을 훔쳐갈 수도 있다.

경계작전의 중요성은 아무리 강조해도 지나치지 않는 것이라고 했다. 맥아더 장군은 경계의 중요성을 강조하기 위해 "작전에 실패한 지휘관은 용서할 수 있어도, 경계에 실패한 지휘관은 용서할 수 없다."라고 하였다. 수많은 전사(戰史)의 사례가 증명하고 있듯이 경계작전은 전승을 위해 존재하는 군의 가장 기본적이고 중요한 임무 중의 하나이다.

경계는 시야가 제한되어 적의 활동과 침투가 용이한 야간에 더 강조된다. 야간 침투를 예방하기 위해서는 철통 같은 경계태세를 유지해야 한다. 주둔지에서는 경계를 해야 할 주요 시설이 내무실, 무기고, 탄약고의 3곳이다. 이 3곳은 통합된 경계태세를 구축하여야 한다.

무기고와 탄약고는 24시간 경계병력에 의한 물샐틈없는 경계가 유지되어야 한다. 그러나 경계병력의 배치만으로 군의 중요 시설이 안전한 상태에 놓여 있다고 보면 안 된다. 해당 부대에서 군복무를 하고 전역했거나 부대 근처에 거주하는 자 등 부대사정에 밝은 자들이 무기고나 탄약고에 침투할 가능성이 높다는 점을 염두에 두어야 한다.

따라서 무기고와 탄약고는 어떠한 방법을 동원하더라도 침투할 수 없다는 생각이 들게끔 만들어 놓아야 한다. 예를 들어, 절단기 등의 장비를 사용해도 절단이 어렵도록 대형장석과 자물쇠를 2중 설치하는 등 견고한 시건장치를 해야 한다. 그리고 출입문은 견고한 철문으로 설치하여야 하며, 출입문을 개방할 때는 경계근무자나 관리자가 확인할 수 있도록 경보장치를 설치하여야 한다. 이때 정전 시에도 작동이 가능하도록 인입된 전기가 아니라 배터리 작동방식까지 이중으로 사용해야 한다. 출입자에 대한 통제를 명확히 하도록 경계근무자들을 교육하여야 하며, 출입대장과 수불대장을 반드시 기록 유지하여야 한다. 더불어 총기 및 탄약 관리 요원에 대한 신상관리를 주기적으로 실시하여 근무자에 의해 발생할 수 있는 사고를 미연에 방지하여야 한다.

내무실은 병사들의 내무생활이 이루어지는 장소로, 인적 및 물적 사고가 빈번하게 발생하는 장소이기도 하다. 그러므로 주야간 각종 사고가 발생하지 않도록 철저히 관리 감독해야 한다. 이를 위해 경계 근무자는 건물 내 출입문을 봉쇄하고 시건장치의 안전성을 확인하여 병사들과 물자를 외부 침입자로부터 보호하여야 한다. 허가되지 않은 병력의 출입은 철저하게 통제하여야 한다.

내무실 내의 총기함은 견고하면서 동시에 화재 시에 신속히 이동할 수 있는 규격으로 만들어야 한다. 총기함 열쇠는 주간에는 해당 책임자가, 야간에는 당직 근무자가 항시 휴대함을 원칙으로 하며, 근무자 간의 인수인계가 확실하게 이루어질 수 있도록 확인 감독하여야 한다. 단위부대별로 총기함 열쇠를 통합 관리하도록 조치하여야 사고를 예방할 수 있다. 특히 휴가자 등 사고자나 영외 거주자의 총기현황이 누락되지 않도록 일일 실셈 확인을 해야 한다.

경계관련 업무는 큰 변화 없이 지속되기 때문에 자칫 긴장감이 이완되기 쉽다. 그러므로 지휘관은 경계작전의 중요성을 망각하지 않도록 끊임없이 교육시켜야 하며, 경계시설물에 하자가 발생하지 않도록 유념해야 한다.

총기와 탄약은 내 몸처럼 귀하게

총기 및 탄약 관련 사고는 부대원의 생명과 직결되는 문제인 만큼 지휘관은 그 관리의 중요성을 인식하여야 한다. 군에서 발생하는 전체 사고 중 총기관련 사고가 가장 큰 비중을 차지하며, 유형별로는 총기 강력사고, 총기 분실사고, 총기 오발사고, 그리고 탄약 및 폭발물 관련사고 등이 있다. 많은 수의 사고들이 사전에 명확한 관리체계 수립과 점검을 통해서 예방될 수 있음을 생각하면 안타까운 일이 아닐 수 없다.

총기 관리와 취급에서 가장 중요한 것은 제 규정 준수이다. 그러므로 지휘관은 총기 및 탄약 관련 규정을 확실하게 숙지하고 이행되도록 하여야 한다. 평시 통합보관의 경우에는 지휘관과 관계관이 모두 관리체계와 관리절차를 준수해야 한다. 지휘관은 '일일 결산서에 이상무라고 되어 있으니 이상 없겠지.'라고 생각하고 지나쳐서는 안 된다. 소총과 실탄이 보관되어 있는 시설은 24시간 육안으로 관측되어야 한다. 내무실 총기 보관함의 열쇠는 반드시 주야간 모두 복수의 간부들에 의해 이중으로 관리되도록 해야 한다. 그리고 주기적으로 총기손질을 실시하도록 하는데, 사고자나 영외 거주자의 총기수량 및 관리 상태도 이때 함께 확인해야 한다. 신병의 총기관리는 총기가 지급되기 이전에 탁본을 발췌하여 총기대장을 정리하고, 지휘관이 직접 병기 수여식을 하여 총기 관리의 중요성을 일깨워 주어야 한다.

훈련 및 근무 간에 사용되는 총기와 탄약은 수불에서 사용에 이르기까지 지휘관이 직접 통제하여 관리하는 것이 바람직하다.

무기고와 탄약고는 지휘관이 열쇠를 휴대한 인원들에게 육성으로 승인한 후에 개방하도록 하고, 출입은 열쇠 휴대자 2명에 2명의 인원을 추가적으로 편성하여 4명이 동시에 확인하는 상태에서 이루어지도록 해야 한다.

총기는 사용 시에도 총기 관리의 기본원칙이 준수되어야 한다. 예를 들면, 자신의 총기는 본인이 직접 관리하도록 해야 하고, 총기를 갖고 장난하는 행위는 절대 금지시켜야 하며, 타인에게 대여해 주거나 일시적으로 보관하지 않도록 해야 한다. 총기 안전검사는 시간 여유를 갖고 하도록 하고, 절차를 준수해야 하며, 총구방향은 항상 전방을 향한 상태에서 하도록 해야 한다.

총기사용 간에는 안전 및 통제 대책이 강구되어 있어야 한다. 모든 장병들이 사격장과 훈련장에서의 안전수칙을 숙지하고 준수하도록 해야 한다. 훈련목적으로 수령한 교탄은 영내 개봉을 금지하고 사용장소에서 간부에 의해 직접 개봉하도록 해야 한다. 이때 반드시 탄약취급 전담간부를 임명하여 책임감을 가지고 통제하도록 하여야 한다. 그리고 훈련 간에 대민 피해가 발생하지 않도록 사전에 해당지역 민간인과 접촉하여 민간인의 훈련지역 출입을 통제하고, 훈련 일정과 특이사항 등을 사전에 통보하여 민원 발생 요소를 미리 차단해야 한다. 또한 불발탄 발생, 급작스런 기상 변화 등의 우발사태가 발생하였을 경우를 대비한 계획이 사전에 수립되어 있어야 한다.

총기와 탄약은 사용이 완료된 후에도 필요한 사항을 지휘관이 직접 확인 감독해야 한다. 우선 수령한 탄약과 탄피 수량이 일치하는지 여부를 정확하게 확인해야 하며, 사용된 탄피는 전량 회수하는 것을 원칙으로 해야 한다. 은닉된 탄약이 발생하지 않도록 하기 위해서는 탄피의 철저한 회수가 중요하다. 하나의 탄피는 한 발의 실탄과 동일하다는 생각을 가지고 100% 회수될 수 있도록 해야 한다. 만약 수령한 탄약을 전량 사용하지 않았다면 무리하게 소모하지 않도록 해야 하며, 미사용 탄약과 회수된 탄피는 간부의 통제 하에 반납해야 한다. 부대복귀 이후에는 일일 결산 시간을 활용하여 지휘관이 직접 확인하고, 그 결과를 부대 일지에 기록 유지하여야 한다.

잠깐의 방심이 대형 화재사고를 낳는다

화재사고의 원인은 전기누전 과열(36.4%)이 가장 많으며, 유류취급 부주의(30%), 담뱃불이나 촛불 방치(10.9%), 난로 과열(10%), 과실 및 기타(12.7%) 등의 순이다.

화재사고를 예방할 수 있는 가장 적극적인 방법은 불이 있는 곳에 사람을 배치하는 것이다. 대부분의 화재사고는 방심과 부주의로부터 발생하여 소중한 인명과 재산의 손실을 가져온다. 그러므로 화기를 관리하고 상황 발생 시에 침착하게 대응할 수 있는 인원을 반드시 현상에 배치하여 사고를 미연에 예방하도록 해야 한다. 그리고 관계관이나 당직계통의 점검과 순찰활동을 강화하여 화재 발생의 원인이 될 만한 요소를 조기에 탐지하고 제거하도록 해야 한다.

전기 화재의 원인은 합선, 누전, 배선 불량에 기인하므로 주기적으로 전선의 안전 여부를 점검해야 한다. 이를 위해서는 책임감 있고 전문적인 지식을 보유한 인원을 확보하여 위험요소를 확인하고 조치할 수 있는 체제를 갖추어야 한다. 누전 점검기를 구비하여 정기 및 수시로 점검이 이루어지도록 하며, 문제 발생 소지가 감지되는 곳은 현장에서 바로 시정하도록 해야 한다. 전기선이 인입된 모든 건물에는 반드시 누전 차단기를 설치해야 하며, 특히 노후된 건물에 대해서는 보다 세심한 주의를 기울여야 한다. 예를 들어, 퓨즈가 자주 끊어질 경우에는 단순히 퓨즈를 교체하는 것만으로 되는지, 아니면 보다 근본적인 문제가 있는지 그 원인을 규명하고 개선방안을 강구해야 한다.

화재발생 시에는 즉각적인 진화작업이 이루어질 수 있도록 필요한 장비를 구비하고, 화재사고에 대한 교육훈련이 되어 있어야 한다. 화재발생 시에는 초기 진화가 생명이므로, 즉각 사용할 수 있도록 소화기를 충분히 확보하여 배치하여야 한다. 이때 소화기는 화재발생 가능성이 높은 곳의 주변에 비치해야 하며, 누구에게나 쉽게 눈에 띄면서 안전한 장소를 선택해야 한다. 모든 장병들에게 소화기 사용법을 철저히 교육시켜 화재 목격 시에는 누구라도 상황전파 및 소화기를 사용할 수 있도록 해야 한다. 대규모 화재 발생에 대비해서는 효과적인 화재진압과 필요한 조치가 취해질 수 있도록 방화대를 편성하고, 임무를 숙지하여 즉각 대응할 수 있도록 교육훈련을 해야 하며, 인근 소방관서와의 비상연락망 체계를 갖추어 놓아야 한다.

지휘관은 화재발생에 대한 특별주의가 요망되는 시기와 장소가 있다는 것을 인식하고 이에 대한 대책을 마련해야 한다. 예를 들면, 주유소, 유류고, 탄약고, 취사장과 겨울철 난로사용 문제에 대해서는 특별한 지휘관심을 경주해야 한다.

주유소나 유류고에서의 유류불출은 일몰 이후에는 금지하여야 한다. 야간에 유류를 불출하거나 주입을 하다보면 유류 종류를 확인한다든지, 주입구나 충만 여부를 확인하기 위해서 라이터나 성냥을 사용할 수가 있으며, 이로 인해 대형화재가 발생할 수 있다. 이러한 사고의 발생을 사전에 차단하기 위해서는 유류불출과 주유는 반드시 주간에 실시하도록 해야 하며, 부득이 야간에 작업을 해야 할 경우에는 반드시 플래시를 이용하도록 해야 한다. 그리고 유종별로 별도 보관을 기본원칙으로 하도록 하고, 누구나 쉽게 유종을 식별할 수 있도록 간판을 제작 활용하여야 한다. 이러한 제반사항을 감독하고 통제할 수 있는 책임간부와 관리병을 두어야 하며, 관리자 외의 인원이 임의로 유류를 취급하는 일은 엄금해야 한다.

취사장 화부실의 식용유나 화부가 화재의 원인이 되므로 이를 사용할 때는 조리병을 배치하고, 화부실 입구에는 소화기를 비치해 놓아야 한다. 취사를 위해 점화하기 전에는 반드시 화구 내에 기름 유출이 있었는지 여부를 먼저 확인해야 하며, 취사장의 기름 탱크는 정기적으로 점검하고 배수작업을 해주어야 한다. 제반 위험요소에 대해서 취사병을 대상으로 안전교육을 실시해야 하며, 관계관과 당직 근무자의 순찰 활동을 강화해야 한다. 특히 야간 취침 이후와 같은 취약 시간대에 취사 행위가 발생하지 않도록 주의를 기울여야 한다.

겨울철에는 난로과열이 주의의 대상이다. 난로는 적절한 화력을 유지하여 과열이 되지 않도록 해야 한다. 난로가 작동되는 중에는 절대 기름을 넣어서는 안 되고, 위치를 이동시키거나 가연성 물질을 난로 주변에 방치하는 등 안전 수칙에 위배되는 행위를 금지해야 한다. 소화기에 부가하여 방화사와 방화수를 비치하여 화재발생 시에 즉각 조치할 수 있도록 해야 한다.

회계 처리는 절대로 융통성이 없어야 한다

부대예산은 공적 자금이다. 공적 자금을 집행하는 과정은 한 점의 티끌도 없이 투명해야 하며, 예산회계 분야의 투명성 확보는 안정된 부대관리의 초석임을 명심해야 한다. 부대 예산을 개인적으로 사취하거나 사적인 일에 유용하는 것이 범죄라는 사실은 누구나 다 알고 있다. 그러나 '개인이 착복하지만 않으면 된다.'는 식의 그릇된 의식으로 효율적인 부대운영을 빙자하여 목적 외로 예산을 사용하는 경우가 생기기 쉽다. 그러나 이것 역시 엄연한 예산 유용임을 확실히 인식하여야 한다.

예산집행 지침을 철저하게 준수해야 한다. 예산집행 지침에 의거하여 주요 항목별로 사용계획을 수립하고, 미리 계획된 사용계획서에 의거하여 집행하도록 해야 한다. 자금 집행은 시기가 생명이다. 부대의 모든 계획된 사업은 예산이 수반되게 마련이다. 사업추진계획 보고는 반드시 예산(자금) 사용계획을 병행하여 실시해야 한다. 그리고 관련 규정과 집행지침을 임의적으로 해석하거나 확대 해석해서는 안 된다. 예산회계 실무기준에 명시되지 않은 지침은 사단의 관련 실무자에게 그 지침을 확인해 보아야 한다. 과거의 관행에 따른 집행은 옳지 않다는 문제의식을 갖고 규정에 의한 예산집행을 생활화해야 한다.

지휘관은 예산이 규정에 맞게 집행되고 있는지 철저하게 확인 감독해야 한다. 현품과 현장을 눈으로 확인하여 예산이 정상적으로 집행되는지를 직접 점검해야 한다. 예를 들어, 시설 유지비는 그 예산으로 공사를 한 건물의 보수상태 점검에, 장비 유지비는 그 비용으로 조치한 장비의 정비상태 점검에 사용해야 한다. 그리고 영수증을 반드시 첨부하여 관련 서류를 월별로 정확하게 기록 유지해야 하며, 재산대장은 통합하여 관리하여야 한다.

예산집행 계획을 철저하게 준비하였다 하더라도, 예상치 않은 예산 소요가 발생할 수 있다. 이러한 경우에 허위로 예산을 정리한 후 부족한 경비를 충당하거나 도급 경비를 임의로 전용하는 집행 잔액을 임의로 사용하고자 하는 유혹에 빠질 수 있다. 아무리 작은 액수일지라도 원칙을 벗어난 예산집행은 나중에 봇물이 터지게 만드는 최초의 작은 구멍이 될 수 있다. 예산전용이 불가피한 상황에 당면하는 경우에는 지체 없이 상급부대에 보고한 후 조치를 해야 한다.

보안결산만큼이나 철저하게 자금 일일결산을 생활화해야 한다. 자금이 들어오고 나가면 반드시 당일 정리하는 것을 철칙으로 해야 한다. 하루 이틀이 지나면 집행내역을 망각하여 허위로 정리하고자 하는 유혹에 빠지기 쉽다. 지휘관은 현금출납부와 관서 운영경비를 통장과 대조하여 확인한 후에 결재해야 한다. 간부의 군무이탈 사고는 부대예산과 직·간접적으로 연관되어 있는 경우가 많다. 그러므로 누가 보아도 예산사용이 투명하게 보이도록 사용된 예산을 주기적으로 공개해야 금전 관련 사고를 줄일 수 있다.

이와 같은 일련의 예산집행을 철저하게 지휘 감독하기 위해서는 지휘관이 예산집행과 관련된 제반규정을 숙지하고 있어야 한다. 예를 들면, 도급 경비의 현금 보관한도는 50만원이며, 이를 초과할 때는 안전한 금융기관에 예치하여야 한다. 도급 경비를 사용할 때는 채권자 영수증서, 계약 관련서류 등을 구비하여야 하며, 현금 출납부와 증빙서류에 대한 일일결산을 실시하여야 한다. 그리고 아파트 입주금과 관리비, 복지기금 등의 부대 보관금은 국고금에 준하여 관리하여야 한다. 아파트 입주금의 경우에는 인사처 관리담당자와 참모가 복수인감을 등록하도록 하여 상호 확인 감독해야 하며, 지휘관은 주기적으로 통장 잔고 상태와 은행 원장을 대조해야 한다. 아파트 관리비는 매월 결산하여 관리비 사용내역을 입주자에게 공개하도록 해야 한다. 이를 통해 예산의 부당한 집행을 막고 부대원의 복지를 향상시킬 수 있다.

지휘관이 직접 확인 점검해야 하는 사항에 대해 조금이라도 관심을 보이지 않으면 반드시 문제가 발생한다는 점을 명심해야 한다. 부대예산을 유용하거나 전용하여 사고가 나면 해당 개인뿐만 아니라 부대의 명예와 사기도 함께 실추된다.

지휘관에게 위임된 각종 사기복지예산도 집행결과에 대하여 매달 감찰참모에 의하여 철저히 감사를 받아야 한다. 그리고 사용결과의 보고서도 중간결재를 모두 거친 후 감찰참모에게 확인까지 받는 것을 습성화해야만 사소한 것이라도 임의로 집행하는 등의 오류가 발생하지 않는다. 통상 경리참모가 지휘관에게만 직접 보고하는 사례가 있는데 이는 잘못된 관행이며 문제를 유발할 수 있는 가능성을 내포하고 있는 행위이다.

보안의 핵심은 '나'다

군사보안의 중요성은 아무리 강조해도 지나치지 않는다. 문서보안, 통신보안, 전산보안 등의 보안사고 발생 시에 개인적으로 불이익을 받게 됨은 물론 부대와 군에 미치는 부정적 파급효과는 막대하다. 중요한 군의 기밀정보가 적의 수중에 들어가게 되면 국가안보에 심각한 위협이 된다는 사실을 명심해야 한다. 보안은 어렵고 귀찮고 덜 중요한 업무라는 인식을 근절하고, 지금 당장, 내 손으로, 실천하려는 의지를 가질 때 지켜진다.

그러나 지금 이 순간에도 보안에 관한 그릇된 고정관념들이 아직도 상존한다. 첫째, 보안은 내가 갖고 있는 비문만 잘 관리하고 나머지는 몰라도 된다는 생각이다. 이런 생각은 국가안보를 책임진 군인으로서의 본분을 망각한 것이다. 보안이 무너지면 군과 국가가 모두 무너진다. 보안은 알아야 지킬 수 있다. 보안은 보안업무를 담당하는 장병에게만 해당되는 사항이 아니다. 우리가 하는 모든 업무가 보안과 관련되어 있나고 해도 괴언이 아니다. 그러므로 보안규정을 제대로 준수하지 않는 것은 자신의 업무를 방임하는 것이며, 보안규정 준수의 의무는 모두에게 있으며 지위 고하를 막론하고 예외가 있을 수 없다.

둘째, 보안은 하찮은 업무라는 생각이다. 이것은 정말 잘못된 생각이다. 보안업무는 군에 있어서 가장 중요하고 우선시해야 할 업무이다. 완벽하게 수립된 작전계획이 적의 손에 들어가면 단순히 무용지물이 되는 것으로 끝나는 것이 아니라, 우리에게 치명적인 극약이 되는 것이다. 컴퓨터나 팩스 등 사무자동화기기의 발달로 업무의 효율성이 크게 증진되었다. 동시에 군사 기밀이 쉽게 다량으로 유출될 위험성 또한 증대되었다. 따라서 군사 보안의 중요성에 대해서는 더 한층 경각심을 가져야 한다. 컴퓨터와 전산망에 들어있는 군사자료가 적이나 민간인에게 노출되지 않도록 비밀번호 부여, 주요 파일 암호화 운용 등 필요한 보안대책을 강구하여야 한다. 그리고 개인소유의 컴퓨터를 부대 내로 무단 반입하는 행위는 엄금해야 한다. 필요에 의해 반입할 경우에는 반드시 규정된 절차에 입각해서 해야 하며, 보조기억매체는 반드시 등록해서 사용하도록 한다. 사무자동화기기 운용 장병은 많은 군사자료 파일을 취급하고 또 인터넷을 수시로 접속하므로 이들에 대한 관리 감독을 철저히 해야 한다.

셋째, 보안은 어렵다는 생각이다. 보안이 어렵다고 하는 이유는 보안업무가 실제로 어렵다기보다는 보안업무에 관한 규정을 잘 살펴보지 않아 모르니까 어렵다고 생각하게 되는 것이다. 내용을 들여다보지 않았는데 어떻게 알 수가 있겠는가? 보안규정과 보안업무는 어려운 수학공식이 아니고, 힘든 과학문제도 아니다. 인사업무나 작전업무와 같은 업무일 뿐이다. 덤으로 알아두어야 하는 업무로 생각하니까 관련규정을 들여다볼 생각을 하지 않다 보니 자연히 알지 못하게 되므로 어렵다고 생각하는 것이다. 자신이 담당한 직능 분야의 업무를 하면서 관련된 보안업무의 규정과 실무를 병행해서 알아야 한다. 보안규정을 숙지하고 실무를 통해서 완전한 지식으로 만들면 보안업무는 가장 쉬운 업무가 될 것이다.

개인보안 책임제를 준수해야 한다. 보안업무는 철저하게 개인 책임이다. 보안과 관련된 사고의 모든 책임은 나 자신에게 있는 것이다. 1 · 2차 상급 지휘관은 하급자에 대한 보안 지도책임을 지는 것이다. 보안의 핵심은 '나'라는 사실을 확실하게 인식하고 '실시간 처리, 내손으로 처리, 규정에 의한 처리'라는 비밀 관리의 3원칙을 지켜야 한다.

첫째, 비밀은 실시간으로 처리해야 한다. 바쁘다는 이유로 지연 등재하거나 방치하면 언젠가 부메랑이 되어 되돌아온다. 군 생활은 끊임없이 밀려오는 수많은 업무를 처리하는 과정이다. 오늘만 바쁜 것이 아니고, 나중에도 바쁘다. 모든 일은 당면했을 때 즉시 처리해야 한다. 지금 당장 하는 한 가지 일이 바쁘다고 지금 해야 할 다른 일을 미루어두면 잊어버릴 수도 있고 처리시기를 놓쳐버릴 수 있다. 오늘 할 일을 내일로 미루지 말라는 격언이 딱 맞는 말이며, 이것은 특히 보안업무에서는 더더욱 맞는 말이다.

둘째, 비밀은 내 손으로 처리해야 한다. 보안업무를 타인에게 위임하는 것은 자신의 군 생활을 타인의 손에 맡기는 행위와 같다. 비밀관리기록부, 비밀이력카드 등의 서류철은 내 손으로 기록 유지하고 관리해야 한다. 훈련 간에도 목걸이형 자재낭을 휴대하여 비문은 인가된 담당자 본인이 직접 휴대하는 것을 생활화해야 하며, 자재 일일결산 역시 반드시 내 손으로 직접 실시하여야 한다. 훈련 종료 후에 비문 파기를 병사에게 위임하거나 보안장비 처리를 병사에게 위임해서는 안 된다. 보안장비의 철수는 반드시 임명된 관리책임관의 감독 하에 본인이 직접 실시하도록 해야 한다.

셋째, 비밀은 규정에 의거해서 처리해야 한다. "나만 보고 나중에 파기할께", "등재하지 말고 1부만 복사해줘"라는 식의 규정위반은 많은 사람을 보안위규자로 줄줄이 엮이게 만든다. '파기하기는 아깝고 나중에 업무로 참고하기 위해서' 비밀을 위규 보유해서는 안 된다. 필요한 비밀은 등재해서 사용해야 한다. 비밀생산 시에는 초안지 관리를 철저히 해야 한다. 작업 후 하드디스크 내에 비밀을 수록하는 것은 금지사항이다. 비밀문서와 자료는 건수와 내부 낱장, 부전지까지 꼼꼼하게 확인해야 한다.

철저한 재난대비는 인명과 재산을 보호한다

천재지변이나 대형사고로 발생하는 재난에 의한 피해는 주요시설물과 인명에 막대한 손실을 초래한다. 그러므로 재난에 대한 적극적인 대비가 필요하다. 일반적으로 재난대비는 대응, 복구, 예방 및 대비의 세 과정이 One-stop system으로 작동하도록 만들어 놓아야 한다.

상황이 발생했을 때의 대응조치는 다음과 같이 한다. 모든 상황 발생 시에는 신속한 초동조치가 생명이다. 재난이 발생하면 재난 상황을 정확하게 파악하여 보고하도록 한다. 보고의 핵심은 정확성과 신속성인데, 상황에 따라 이 두 가지의 상대적 비중이 다를 수 있다. 발생된 상황의 성격이 어떤 것인가를 잘 파악하여, 가능한 한 정확성과 신속성 모두를 추구하되, 상대적 중요성을 판단하기 어려울 때에는 신속성에 중점을 두고 보고하여야 한다. 지자체와의 연락을 담당하는 연락관을 두어 정부기관이나 지자체와도 재난 상황을 동시에 파악할 수 있도록 조치해야 한다. 민간의 피해가 발생한 경우도 물론이거니와 군부대만 피해를 입은 경우라 할지라도 정부 기관 및 지자체와의 합동 대처가 필요한 경우가 많으므로 지자체와의 연락망을 유지하는 것이 꼭 필요하다. 재난구조부대는 항상 출동 태세를 유지하도록 하고, 긴급 상황발생 시에는 인원, 무기, 탄약, 비문 순으로 우선순위를 설정하여 조치를 해야 한다.

재난발생에 대한 초동대응이 일단락되면 다음에 취해야 할 조치는 피해복구이다. 피해복구의 첫 단계는 피해소요를 완전히 파악하고 복구계획을 수립하는 것이다. 가용한 병력과 자원을 바탕으로 하여 우선 조치할 사항, 상급부대에 지원을 요청할 사항 등을 판단하여 현실적인 복구계획을 수립하도록 해야 한다. 부대의 장비와 시설물에 대한 복구가 최우선이지만, 대민지원도 적극적으로 해야 한다. 복구물자를 확보하고, 부족한 품목은 상부에 지원을 건의한다. 재난대장을 작성하여 3일 이내에 군과 지자체에 동시에 보고하도록 한다. 수립된 복구계획에 의거, 복구작업을 실시할 때에는 반드시 건제단위 행동을 하도록 해야 한다. 병사들은 반드시 간부의 통제에 따르도록 하고, 개인행동을 엄격히 금지시켜야 추가피해를 막을 수 있다.

재난에 대한 가장 좋은 대처는 예방과 대비이다. 위험요소를 사전에 제거하고, 예상되는 위험시설이나 지역에 대해서는 예방공사를 미리미리 해야 한다. 위험요소를 파악하기 위해서는 우선 철저한 분석이 선행되어야 한다. 과거에 피해가 있었던 사례를 중심으로 조사와 분석을 해야 한다. 특히 눈사태와 산사태에 의한 매몰 지역, 붕괴 및 침수지역, 범람지역 등이 주요 분석대상이다. 그리고 최근에 공사를 하여 효과성을 검증받지 못한 지역도 분석 대상에 포함시켜야 한다. 지형지물에 대한 분석과 함께 기상분석도 병행하여 분석을 해야 한다. 계절별로 재난이 발생한 주요 시점과 그 당시의 기상상태를 분석하면 재난발생 시기를 예측할 수 있다. 특히 집중호우, 태풍, 폭설, 해일 등의 악천후 기상은 주요 관심대상이다. 완벽한 예방공사가 이루어지도록 하기 위해서 마지막으로 부대여건을 분석해야 한다. 부대주변 시설물의 상태나 도로, 하천, 교량, 산사태 예상지역 등의 현재 상태를 파악하고, 사고 발생 시에 대처에 취약한 파견지나 격오지 등을 집중 관리해야 한다. 그리고 재난발생 시에 효과적으로 대처 및 생존하는데 필수적인 식량, 약품, 대피시설 및 피해복구 장비가 잘 갖추어져 있는지 점검해야 한다. 이런 분석결과들은 D/B화하고 지속적으로 최신화해야 한다. D/B에 나온 자료만 고려할 것이 아니라 최악의 사태도 예상하고 대비해야 한다.

지구 전체의 기상이 과거와는 현저하게 변화된 최근의 상황에서는 최악의 사태를 예상해보는 것이 반드시 필요하다. 위험요소 분석이 되었으면 월 1회 CPX나 FTX를 실시하여 재난 유형별로 대응할 준비태세를 갖추어야 한다. 응급 복구장비는 사전에 준비하고, 가동상태를 확인해 놓아야 한다. 재난이 발생하면 평소 편성해 두었던 감시반과 작업반을 즉각 가동하여 조치에 들어가도록 해야 한다. 지자체와 긴밀하게 연계하여 시설 및 장비관리가 이루어지도록 해야 한다.

인명사고는 국민의 신뢰를 저버린다

생명을 위협하는 다양한 요소가 상존하는 군에 자식을 보낸 부모와 가족을 생각해 보라. 그들은 자식이 무탈하게 군 복무를 마치고 돌아오기를 간절히 기원하고 있다. 자식을 잃었을 때의 그 상실감은 누구도 가히 짐작하기 어렵다. 일반사회의 사고보다 '군 사고'는 자식을 군에 보낸 국민에겐 10배, 100배의 충격과 강도로 전해진다. 100건의 대국민 홍보보다 1건의 사고예방이 더 가치가 있다. 한 건의 인명사고가 군이 1년, 10년 동안 힘들여 쌓은 공적을 일거에 무너뜨릴 수 있다. 지휘관은 내 부하는 내가 끝까지 책임지고 가정과 사회로 온전하고 건강하게 되돌려 보낸다는 책임의식을 확실하게 견지하여야 한다.

인명사고의 첫 번째 원인은 신상파악 미흡이다. 개인의 신상과 관련된 아주 간단한 문제점 한 가지만 제거하여도 죽음에까지 이르게 되지는 않는다. 신상파악은 병력관리를 위한 기본활동인데, 먼저 부대 내에서의 대인관계나 행동 특징, 임무 숙달정도를 정확하게 파악해야 한다. 그리고 이러한 부대 내의 활동에만 국한

하여 파악해서는 안 되고, 이런 부대 내의 활동에 영향을 미칠 수 있는 외부적인 요소들, 즉 가족사항, 학교생활, 친구관계, 이성관계 등도 입체적으로 파악해야 한다.

기본적인 신상파악 기법은 대화나 면담, 관찰 등이다. 이러한 기법을 사용할 때 가장 주의해야 할 점은 면담철 기록을 위한 면담을 하고 있다는 인상을 주지 않도록 해야 한다. 인간 대 인간으로서 자연스러운 대화를 하도록 유도해야 하며, 편안한 대화가 가능하도록 해야 한다. 그렇게 하기 위해서는 조용한 방에 따로 불러 얘기할 수도 있지만, 작업이나 운동, 식사, 회식 등 일상생활 속에서 자연스럽게 기회를 만들어 대화를 하는 것이 좋다. 그리고 대화할 때에는 특정한 목적을 가지고 서둘러 한다는 인상을 주지 않도록 해야 한다.

병사의 속 깊은 고민거리를 듣기 원한다면 상대방과 서로 래포(rapport)가 형성되어야 한다. 이는 상대방에게 진실하게 관심을 가지고 있으며, 상대방의 인격을 존중하고 대화 내용에 대한 비밀을 보장해 줄 것이라는 신뢰가 있을 때 상대방이 마음의 문을 열 준비가 된 상태를 말한다. 대화 중에는 적절한 대답이나 반응, 질문 등을 함으로써 병사로 하여금 자신의 이야기를 적극 경청하고 있다는 점을 느끼게 해 주어야 한다.

대화나 면담 이후에 지휘관이 보이는 행동과 태도가 중요하다. 병사가 언급한 애로사항에 대해서는 적극적으로 해결하려는 의지를 보여주어야 한다. 그리고 무엇보다 중요한 점은 대화나 면담내용에 대해 완벽하게 비밀을 보장해 주어야 한다는 것이다. 자신이 지휘관에게만 한 이야기를 다른 병사들이 알거나, 자신의 이름이 거명되지 않았지만 공개적인 자리에서 자신의 이야기가 오간다면 그 병사는 큰 배신감을 느낄 것이고 다시는 자신의 고민거리를 지휘관에게 이야기하지 않을 것이다.

대화나 면담을 통한 신상파악 이외에도 사소한 곳에서 보이는 거대한 사고의 복선을 잡는 것이 중요하다. 화장실의 낙서, 다양한 채널의 보고(제보), 경계근무 간 선후임간의 대화 내용, 수양록, 언행의 특이점, 주위사람들의 느낌 등이 사고발생 예후의 실마리가 된다. 평소의 태도, 표정, 언행, 수면 및 식사습관 등을 사소한 일이라고 가볍게 보지 말아야 한다. 예를 들어, 대부분의 자살 시도자들을 보면 죽음에 대한 언급을 한다거나 무기력한 모습을 보이기도 하고, 자살에 필요한 도구들을 수집하는 등 특이한 징후를 보인다. 이러한 자살 징후들은 조금만 관심을 갖고 보면 누구나 포착할 수 있는 것들이다. 인명사고 예방에 대한 지휘관의 관심과 부하에 대한 애정이 사고 예방의 안테나로 작용한다. 작은 지혜가 대형사고를 미연에 방지하고 국민의 재산과 생명을 보호하게 되는 것이다.

절대 용서 안 되는 4가지

군인으로서 용서할 수도, 용서 받을 수도 없는 사건이 유발되도록 해서는 절대 안 된다. 이런 사건들이 유발되는 원인은 다음의 4가지인데, '4'의 음을 따서 '사(死)'가지라고 부르기도 한다.

첫째, 보고지연 및 누락이다. 보고지연 때문에 필요한 조치를 취할 수 있는 적기를 상실하거나, 사실을 은폐하기 위해 누락시키는 경우 작전은 성공할 수 없다. 간단한 최초의 구두보고로 상급부대에서 해결 가능한 일을 하급부대에서 조치한다고 숨기는 동안 문제는 확대될 수밖에 없다. 일상업무 이외의 모든 보고는 10분 이내에 사단장까지 보고되도록 해야 한다. 가까운 예로, 2010년 3월 26일 46명의 사망자가 발생한 천안함 피격사건의 예를 보면 초기보고가 보고시기, 보고내용의 정확성, 보고계통의 적합성 등 여러 면에서 미흡하게 이루어져 군의 위상을 실추하게 만들고 국민의 호된 질타가 나오게 만들었다. 보고는 신속성과 정확성이 생명임을 명심하고, 상황이 발생하면 최초보고, 중간보고, 결과보고를 하는 것을 생활화하여야 한다.

둘째, 예산집행 절차의 무시 및 전용이다. 공금은 단 1원이라도 분명한 절차에 따라 사용계획 심의, 집행, 결산 과정을 거쳐 투명하게 공개해야 한다. 투명한 예산집행은 상하 간에 신뢰감을 심어주고, 견물생심으로 인한 금전사고를 조기에 차단하게 해준다. 2중, 3중의 점검 시스템을 구축하여 각 예산마다 계획, 집행, 결산과정에 감찰, 헌병 등이 전 단계를 확인하도록 해야 한다. 만약 불가피하게 예산을 전용해야 할 일이 발생하면 반드시 지휘계통으로 보고하여 상급부대의 허락을 득한 후 집행하도록 해야 한다.

셋째, 구타 및 가혹행위이다. 계급 고하를 막론하고 이것은 절대 불가하다. 구타나 가혹행위뿐만 아니라 인격모독이나 욕설과 같은 언어폭력도 동일한 문제로 취급하여야 한다. 혈기 왕성한 젊은이들이 모인 군 집단에서는 순간의 감정을 참지 못하고 욱하는 마음에 의도하지 않은 구타나 가혹행위가 발생하기도 한다. 우리 부대는 그런 사고가 발생하지 않았고, 앞으로도 그럴 일이 없을 것이라고 방심하는 잘못된 생각은 버려야 한다. 구르지 않는 돌에 이끼가 끼듯이 조금만 방심하고 관심을 기울이지 않으면 발생하는 것이 구타와 가혹행위이다. 또 구타나 가혹행위는 총기사고나 자살사고와 같은 더 심각한 사고를 촉발시킬 수 있으므로 철저하게 단속하여야 한다. 구타나 가혹행위는 줄여야 할 문제점이 아니라 완전히 뿌리 뽑아야 할 병영 내 악습이다.

넷째, 인명 피해사고 발생이다. 교전에 의한 작전 이외의 어떠한 이유라도 인명사고에 대해서는 지휘계선 상에 있는 모두가 피할 수 없는 책임을 져야 한다. 시설이나 물품이 파손되거나 분실되었을 때는 이를 보수 또는 재건축하거나 보충하면 된다. 그러나 인명사고가 발생하면 사망자를 되살리거나 장애자가 된 사람을 다시 원래의 상태로 되돌릴 수 없다. 인명사고는 본인뿐만 아니라 가족과 친지, 전우 등 주변 사람들에게도 큰 고통을 안겨주는 비극이다. 따라서 어떤 경우라도 인명피해가 일어나지 않도록 인원 안전문제를 최우선 순위로 삼아야 한다.

지휘관이 보직해임 되는 사고들

부대의 지휘관으로서 절대 용서받을 수 없는 사고들이 있다. 지휘관은 이러한 사고(事故)들이 절대 일어나지 않도록 그 예방에 사활(死活)을 걸어야 한다.

첫째, 적 침투, 총기와 탄약의 피탈 및 분실 등과 같은 경계작전 실패이다. 경계작전은 군의 가장 기본적이면서 또한 중요한 임무이다. 경계작전에 실패한 지휘관에게는 어떤 일도 믿고 맡길 수 없다. 경계작전이라는 기본에 충실한 부대는 어떠한 임무를 부여하더라도 끝까지 책임감 있게 임무를 완수해낼 것이라는 믿음과 신뢰감을 준다.

둘째, 무장탈영 및 총기난동 사고이다. 무장탈영이나 군무이탈 사고에는 그러한 극단적인 방법을 택하게 만든 원인이 반드시 있다. 이러한 사고를 미연에 방지하도록 총체적인 노력을 기울여야 한다. 보호 관심병사에 대한 관리 측면에서 신상파악을 철저히 하고 관리체계를 구축하여 문제 행동이 발생하지 않도록 해야 한다. 그리고 보호 관심병사를 포함한 부대의 전반적인 운영에 있어서도 신경을 써야 한다. 군무 이탈자를 줄이려면 부대를 활기차고 즐겁게 만들어 복무염증을 사전에 차단해야 한다. 예를 들어, 단체 체육활동을 활성화하여 장병들이 스트레스를 해소할 수 있는 창구로 활용하거나, 부대업무에 하급자의 의견을 적극 반영할 수 있는 시스템을 구축하여 신세대 장병의 특성에 부합하는 부대운영을 해야 한다. 그리고 휴가, 외출, 외박 등 병사의 기본권을 공정하게 시행하고, 이와 관련된 문제점을 조기에 찾아낼 수 있는 설문이나 소원수리 제도를 적극 활용해야 한다. 단순한 탈영자가 발생하더라도 그가 나가서 제2의 문제를 유발할 가능성이 얼마든지 있기에 유념해야 한다.

셋째, 각종 사고나 내부문제가 외부의 여론으로 비화되는 대언론 사고이다. 무선전화기나 인터넷 등 통신수단의 비약적인 발전으로 인하여 군에서 발생한 사건과 사고들이 적절한 여과 조치를 받지 않고 보도되는 경우가 수시로 발생한다. 그러므로 사건이나 사고가 발생하면 지휘계통으로 신속하게 보고하고, 보도의 필요성이 제기되었을 때는 공보장교와 공조하여 보도를 통하여 불필요한 물의가 발생하지 않도록 해야 한다. 그렇다고 무조건 숨기려고 하는 자세도 옳은 것은 아니다. 무조건 숨기고 감추는 것은 오히려 사건 은폐의 의혹을 받는다든지 추측성 보도를 양산할 우려가 있기 때문에 대언론 대응지침을 적극적으로 마련해서 활용해야 한다. 그리고 오보나 왜곡보도에는 필요한 법적 대응을 하는 등 언론에 대하여 합리적이고 적극적으로 대응할 수 있는 준비가 되어 있어야 한다.

넷째, 공금유용, 위문금의 부적절한 사용 등 금전 부조리 사고이다. 개인적인 용도로 착복하는 것은 지위 고하를 막론하고 엄벌에 처해야 한다. 그리고 개인적인 용도로 사용하지 않더라도 원래의 취지에 맞지 않게 사용하게 되면 그 의도가 불순하지 않았다고 하더라도 책임을 면할 수 없음을 인식해야 한다.

다섯째, 부도덕한 행위로 인하여 생기는 불미스러운 사고이다. 군에서는 상하 위계질서가 뚜렷하고 상급자의 권한이 막강하므로 상관이 자신의 권한을 이용하여 하급자를 성희롱하는 문제가 발생할 소지가 크다. 사무실 내에서 이런 일이 일어날 수도 있지만 특히 회식자리에서 이런 문제가 발생할 가능성이 높으므로 항상 관심을 갖고 이를 예방하도록 해야 한다. 또 군부대가 지리적으로 격리된 곳에 있으므로 같은 부대 내의 남녀 근무자 간이나 상하관계에서도 부도덕한 사고가 일어날 가능성도 있다는 점을 항상 유념하여야 한다.

여섯째, 집단 식중독이나 교통사고와 같은 단체사고이다. 집단 식중독이나 교통사고는 많은 인원들이 한꺼번에 사고를 당하는 것들이기 때문에 매우 중대한 사고이다. 지휘관은 이러한 대형사고, 단체사고가 발생하지 않도록 평소에 부대를 세심하게 지휘관리하도록 해야 한다.

위에서 예거한 사고들은 지휘관의 지휘 감독의 소홀에서 발생하는 것들이다. 따라서 이런 사고들에 대해서는 지휘관 본인에게 책임이 있다는 점을 명심하고 이런 사고들이 절대 일어나지 않도록 전심전력을 다해 부대를 지휘관리해야 한다.

제 3 부

혁신과 전진

1 혁신의 출발

조직의 혁신은 리더에게 달려 있다

우리나라 대표기업 중의 하나인 '삼성'과 핀란드 '노키아'의 사례를 보면 조직 혁신의 출발이 바로 리더에게 달려 있음을 알 수 있다.

1987년 선친으로부터 경영권을 이어받은 이건희 회장은 취임사에서 "미래지향적이고 도전적인 경영을 통해 90년대까지 삼성을 세계적인 초일류 기업으로 성장시키겠다."라고 공언하였다. 실제로 그는 취임 5년째인 1993년 6월 7일 독일 프랑크푸르트에서 '신 경영 선언'과 함께 삼성의 개혁을 위한 신호탄을 올렸다. 개혁의 첫 발걸음은 '마누라와 자식만 빼고 다 바꿔라.'는 공세적인 표현으로 시작되었다. '불량생산을 범죄로 규정한다는 취지로 양(量) 위주의 경영을 과감히 버리고 질(質) 위주로 간다.'는 프랑크푸르트 선언의 구현을 통하여 삼성은 과거의 경영 체질을 180

도 바꾸게 되었다. 2010년 현재 삼성은 세계적인 기업들과 당당히 어깨를 나란히 하고 있다. 삼성이 현 위치에까지 오를 수 있었던 것은 이건희 회장의 '혁신' 마인드가 있었기 때문이다. 이처럼 조직의 혁신은 리더에 의해 이루어지고, 성패 또한 오직 리더에게 달려 있는 것이다.

세계 휴대폰 시장에서 부동의 1위를 고수하던 노키아는 애플의 아이폰이 출시된 지난 2007년 6월 이후 주가가 60% 이상이 떨어졌고, 기업가치 또한 기하급수적으로 하락했다. 이러한 어려움을 극복하고자 노키아는 최근 스티븐 엘롭(Stephen Elop)을 새로운 CEO로 영입했다. 그는 실리콘 밸리 출신의 실력자이면서 MS의 차기 후계자로도 거론되었던 인물로서, 노키아의 혁신리더로 발탁된 것이다. 조직 혁신의 출발은 리더에게 달려 있으며, 기업의 새로운 부흥을 위해 리더를 새롭게 선출할 수밖에 없다고 인식한 노키아의 선택은 혁신의 가동에 있어서 리더의 역할이 얼마나 중요한 것인가를 보여주는 또 다른 예이다.

변화하는 환경 속에서 조직의 혁신은 불가피한 명제이고, 조직의 리더는 선두에서 당당히 그 역할을 수행해야 한다. 지휘관은 조직의 혁신에 대한 책임감과 더불어 강력한 추진력을 가져야 한다. 그러기 위해서는 먼저 자기 자신, 우리 부대부터 변화에 앞장서야 한다. 'feed-forward'라는 용어를 들어본 적 있는가? 이는 '계획을 실행에 옮기기 전에 결과를 예측하여 피드백을 받아보는 과정'을 의미한다. 무턱대고 혁신을 하는 것이 아니라, 혁신을 위해서 어떤 노력을 했을 경우 결과가 어떤 식으로 나올 것이라는 것을 미리 예측하고 실행에 옮기는 것을 의미한다. 남들이 한다고 해서 우리 부대의 현실을 고려하지 않고 무작정 따라하다가는 결국 하지 않는 것보다 못한 결과를 초래할 수 있다. 지휘관은 신중히 미래에 대한 'feed-forward' 과정을 거쳐 혁신의 방향을 정확히 결정해야 한다.

심사숙고의 과정을 통해 변화와 혁신의 방향을 결정했다면, 지휘관은 이를 과감하게, 그리고 중단 없이 실행에 옮겨야 한다. 가속 페달을 계속 밟지 않는다면 자동차는 멈출 수밖에 없고, 기세 좋게 타오르는 불꽃 또한 연소재가 없다면 서서히 꺼지기 마련이다. 이처럼 일이 제대로 추진되지 않는다면 혁신의 노력도 용두사미가 된다. 육군대학에서 장교들이 처음 입교할 때는 모두 좋은 성적을 거두기 위해 밤을 새워 공부하지만 시간이 갈수록 하나둘씩 낙오자가 발생한다. 이는 추진력의 단절 때문인데, 그렇다면 중단 없는 추진을 위해서는 과연 어떻게 해야 할 것인가?

해답은 바로 부하에 대한 임파워먼트(empowerment)에 있다. 부하를 임파워링(empowering)한다는 것은 리더가 부하에게 권한위임과 동기부여를 통해 부하 스스로가 변화에 대한 장애물을 개척하고, 조직의 목표달성에 기여하도록 하는 것을 말한다. 리더에 의해 임파워링된 부하는 리더가 일일이 간섭하거나 지시하지 않더라도 리더가 생각하는 수준의 책임감과 사명감을 가지고 능동적으로 임무를 수행한다. 리더도 인간인 이상 변화와 혁신의 전 과정에서 항상 의욕적으로 앞장설 수는 없는 만큼 리더의 부족한 부분을 부하가 채워주어야만 혁신은 지속될 수 있다. 따라서 부하에 대한 임파워먼트는 조직의 혁신을 위해서 무엇보다 중요하고 필요한 요소이다.

모든 결과는 원인과 과정이 결정한다

아주 열심히 노력했지만 좋은 결과를 얻지 못한 경험은 누구나 있을 것이다. 이럴 때 '결과보다는 과정이 중요하다.'라든가 '열심히 했으니까 괜찮다.' 등의 말로 위로를 받는다. 과정에 충실했기 때문에 결과가 좋지 않지만 크게 낙심하지 말라는 뜻이다. 반대로 열심히 노력하지 않았으면서 좋은 결과를 바라는 사람도 있다. 이런 사람들을 보면 필자는 항상 '인과응보(因果應報)'라는 말을 해준다. 불교에서는 악한 행위는 업보가 되어 윤회의 고리에서 굴레로 작용하여 전생에서 지은 죄에 따라 현생의 외모나 고난이 결정된다는 인과응보의 논리를 말한다. 기본적으로 결과는 원인에 기인하지만 간혹 뜻하지 않게 운이 좋아 한두 번쯤 좋은 결과를 얻는 사람도 있다. 그러나 이러한 운은 결코 되풀이 되지 않는다. 원인과 과정이 모두 좋다고 해서 반드시 결과가 다 좋다고 할 수는 없지만, 원인과 과정이 좋지 않고서 결과가 좋게 나올 수는 없는 것이다. 노력하지 않고 좋은 결과를 바라는 이들에게는 쓰디쓴 한 마디 말이겠지만 이는 엄연한 사실이다.

어떠한 일이 일어나고 진행되는 데에는 반드시 '원인'과 '과정'이 있기 마련이다. 일반적으로 원인은 외부에서 주어지는 것이고, 과정은 본인이 만들어가는 것으로 볼 수 있다. 원인에는 자신이 통제할 수 없는 변수가 포함될 수 있지만, 과정은 자신의 통제 하에 있다고 보아야 할 것이다. 이러한 측면에서 볼 때 원하는 결과를 얻기 위해서는 자신이 통제할 수 없는 원인을 탓하기보다는 자신이 통제할 수 있는 과정을 더 좋게 만들어 나가는 것이 현명한 방법이다. '피할 수 없는 일이라면 차라리 즐겨라.'라는 말이 있다. 어차피 주어진 일이고, 내가 그것을 통제할 수 없다면 임무를 완수하기 위한 과정을 최대한 즐길 수 있게 만드는 지혜가 필요하다.

그런데 과연 원인은 절대로 통제할 수 없는 변수인가? 원인은 외부적인 요소로서 통제 범위 밖의 것이라고 했지만, 조금만 더 신경을 쓰면 충분히 예측할 수도 있다. 훌륭한 리더는 예측을 통해 원인을 위기극복과 성공의 열쇠로 삼는 사람이다. 2010년 9월, 태풍 곤파스가 한반도에 상륙한다는 기상예보가 내려졌다. 어떤 부대장이 부대원에게 태풍에 대한 대비를 과도할 정도로 지시했다. 부하들은 모두 너무 과잉 대응하는 것이 아니냐며 투덜대면서 불평을 늘어놓았다. 그러나 태풍이 휩쓸고 지나간 후 많은 부대가 넘어진 나무며 훼손된 시설물을 보수하는 데 일주일 이상의 시간을 고생해야 했던 반면, 사전에 준비를 철저히 했던 이 부대는 경미한 피해만 입어 단 하루의 정비 후 일상 업무로 복귀할 수 있었다. 이 부대장은 태풍이라는 외부적 원인은 막지 못했지만 원인에 대해 미리 대비함으로써 그 후에 일어날 과정(피해복구)을 최소화시켰던 것이다.

원인에 대한 리더의 정확한 예측으로 좋은 결과를 얻었던 사례와는 정반대로, 리더의 부정확한 판단이 좋지 못한 결과를 불러오는 경우도 있다. 1998년 4월 1일 천리행군을 하던 육군 특전사 흑룡부대원들이 해발 1,241m의 민주지산 정상 부근에서 갑자기 몰아친 추위로 6명이 숨지고 1명이 실종되는 사건이 발생했다. 당시 사고현장을 보면 이미 30cm 가량의 눈이 쌓여 있었고,

초속 40미터의 강풍으로 체감온도는 영하 10도 이하였다고 한다. 비록 꽃이 피는 4월이긴 했지만 산 정상의 야간 기온은 한겨울과 마찬가지였던 것이다. 이런 사실은 산을 다녀본 사람이라면 누구나 알 수 있다. 더구나 특전사 장병들은 더 말할 필요가 없다. 이 사고의 원인은 특전사 장병들이 자신들의 능력을 과대평가했기 때문일 수도 있고, 충분한 대비를 했으나 워낙 기상이 나빠서 불가항력적인 것이었을 수도 있다. 그러나 나흘 전부터 빗속의 강행군으로 인해 체력이 급격히 소진된 상태를 감안하여 사고 가능성을 예측하고 행군로를 조정했더라면 이 사고는 방지할 수 있었을지도 모른다. 불의의 사고일지라도 이유 없이 발생하지 않으며, 반드시 원인과 과정을 동반한다. 따라서 지휘관은 주도면밀하게 원인을 예측하고 정확한 진단을 할 수 있는 능력을 갖추어야 한다.

훌륭한 의사는 진찰을 통해 병의 원인을 파악하고 자신의 지식을 동원하여 병명과 문제를 정확히 진단한 후, 그 병에 맞는 최선의 처방을 내리는 사람이다. 더 훌륭한 의사는 병이 났을 때 최선의 처방을 내릴 뿐만 아니라, 발병 전에 미리 예방을 할 줄 아는 의사이다. 훌륭한 지휘관도 이와 마찬가지이다. 문제가 발생했을 때 이를 해결하기에 급급하기보다는, 원인 파악과 분석을 통해 부대의 문제를 정확히 진단하고 이에 따른 적절한 예방 조치를 취해서 부대가 항상 안정적으로 유지될 수 있게 하는 지휘관이야말로 훌륭한 지휘관이라 할 수 있다.

창의와 자발성은 조직을 발전시킨다

'모든 것은 변화하고 있지만 그 중에서 변하지 않는 것은 단지 변화 그 자체뿐이다.'라는 말이 있다. 세상의 모든 것은 변한다. 현대 사회의 변화 속도는 예전보다 훨씬 빠르다. 21세기에 요구되는 리더상으로서 '변화를 수용할 수 있는 리더'를 꼽는 것도 이러한 이유 때문일 것이다. 많은 장년층의 지휘관들이 '요즘 병사들은…….'이라는 말을 하면서, 자신들과는 너무 다른 신세대 병사들의 사고와 행동 방식을 호기심 반, 곤혹스러움 반의 시선으로 바라보곤 한다. 군 조직 전체의 90% 이상을 차지하는 병사를 잘 이끌어 나가려면 지휘관은 이들의 사고방식이나 행동이 우리 사회의 윤리나 법도에 어긋나지 않는 한, 이들을 이해하고 적정 수준에서 수용하는 것이 오히려 더 현명할 것이다.

조직의 변화는 불가피하다. 고인 물이 썩듯이 변하지 않는 조직은 썩게 마련이다. 지휘관으로서 책임감과 사명감을 가지고 열심히 일하면서 변화와 혁신을 외치지만, 그 지휘관 이외에는 아무도 따라 움직이지 않는 조직이 있을 수 있다. 그런 조직은 지휘관 한 사람만이 혁신의 꿈을 꾸고 있기 때문이다. 한 사람만의 의지로는 조직을 변화시킬 수 없다. 그것은 그 한 사람만의 꿈일 뿐이다. 그러나 만인이 같은 꿈을 꾼다면 그 꿈은 현실이 된다.

중국 송나라 때의 '벽암록'에 '줄탁동기(啐啄同機)'라는 말이 나온다. '줄(啐)'은 병아리가 부화하기 위해 안에서 껍질을 쪼는 것을 말하고, '탁(啄)'은 어미가 그 소리를 듣고 밖에서 마주 쪼아 껍질을 깨 부화를 도와주는 것을 말한다. 알 껍질을 쪼아 깨려는 병아리는 깨달음을 향하여 앞으로 나아가는 수행자요, 어미 닭은 수행자가 깨우침을 완성하도록 이끌어주는 스승이다. 이 어미 닭과 병아리처럼 리더와 부하가 같은 꿈을 꾸고 같은 방향으로 노력한다면 그 꿈은 현실로 이루어진다.

2002년 월드컵에서 우리나라는 4강 진출이라는 기적을 연출했고, '꿈은 이루어진다.'라는 정신을 단순한 구호가 아닌 국민적 신조로 탄생시켰다. 당시 월드컵이 개막되기 전까지만 해도 국민들은 16강에만 진출해도 큰 영광이라고 생각했다. 그러나 히딩크 감독은 16강을 넘어서 8강, 4강에 오를 수 있다는 꿈을 꾸고 있었고, 선수와 관계자들은 혼연일체가 되어 같은 꿈을 실현하기 위해 매진했다. 마침내 이러한 꿈은 온 국민의 꿈으로 확산되었고 결국 그 꿈은 현실이 되었다.

구성원 모두가 변화의 필요성과 중요성을 인식하고 함께 움직이도록 하기 위해서는 어떻게 해야 할까? 필자의 경험에 의하면 여러 가지 방법들 중에서 부하에게 '창의'와 '자발성'을 키우게 하는 것이 가장 효과적이었다. 군 조직은 살아있는 유기체이다. 구성원들의 면면을 잘 살펴보면 사회에서 각기 다른 환경에서 자랐고, 저마다 다양한 능력과 특성을 가지고 있음을 알 수 있다. 이러한 젊은이들이 모여 있는 군 조직은 무궁무진한 '상상력'의 보고(寶庫)라고도 볼 수 있다.

필자는 사단장으로 재직 시 병사들이 정말 두려움과 근심 없이 생활하기 좋은 군대문화를 만들자는 캠페인을 벌였다. 처음 사단장의 의도를 전해들은 참모와 예하지휘관들은 모두 공감은 하였지만, 선뜻 행동으로 나서기를 꺼렸다. 왜냐하면, 몇 년 전에도 이와 같은 캠페인이 있었지만 사단장 혼자서만 강조하다가 그 사단장이 이임하자 언제 그랬느냐는 듯이 열기가 식어버린 경험이 있기 때문이었다. 필자는 이와 같은 사실을 인지하고 캠페인에 있어서 실제 중심이 되고 행동으로 실천해야 하는 병사들의 마음을 움직이는 것부터 시작했다. 실천의 중심인 병사들로부터 생활하기 좋은 병영을 만들기 위한 아이디어를 모았는데, 그들은 다양하고 기발한 많은 아이디어를 제시했다. 자신들이 제시한 아이디어가 채택되어 시행되자 병사들은 자발적이고 능동적으로 변화에 앞장섰고, 신바람 나는 군대문화가 창출되었다. 이러한 사단의 움직임은 사단장 혼자만이 아닌 구성원 전체가 조직의 변화에 대해 공감하고 실제 움직였기 때문인데, 여기에는 병사들의 '창의'와 '자발성'을 인정하고 이를 수용한 사단장의 노력이 큰 역할을 했다.

조직의 변화를 주도하는 것은 리더이다. 당신이 리더라면 당신이 꾸는 꿈은 단순한 꿈에 그치는 것이 아니라 현실이 될 수 있다는 신념을 가져야 한다. 그러나 그 꿈을 현실로 이루기 위해서는 조직원들이 어떻게 하면 같은 꿈을 꿀 수 있게 만들 것인지를 고민해야 한다. 조직원들에게 '창의'와 '자발성'을 발휘할 수 있는 환경을 만들어 주자. 지금까지와는 다른 조직의 변화가 나타나는 것을 몸으로 느낄 수 있을 것이다.

혁신의 준비

거울 앞에 서서 자신의 눈을 쳐다보라

누구나 하루에 한 번쯤은 거울을 들여다 볼 것이다. 세수를 하면서도 볼 것이고, 옷을 입으면서도 볼 것이며, 화장품을 바르면서도 볼 것이다. 사물을 비춰주는 거울을 본다는 것은 결국 자기 자신을 바라본다는 것이다. 거울 앞에 서서 문득 자신의 눈을 바라보고 있노라면 어떠한 생각이 드는가? 자랑스럽게 보일 때가 있고 부끄럽게 보일 때도 있을 것이다. 다른 사람은 속여도 나 자신은 속일 수가 없다. 다른 사람의 얼굴에 묻은 티는 보면서 자신의 얼굴에 묻은 흙탕물은 보지 못했던 스스로를 반성하기 위해 거울 앞에 서보자. 거울 앞에 서 보면 이렇듯 내면의 양심과 마주하게 되기도 하지만 현재의 내 모습이 있는 그대로 비쳐지기도 한다. 오늘의 나를 마주하면서 예전의 나보다 얼마나 바뀌었는지 생각해보자.

중국의 고대 상(商)나라 탕왕(湯王)은 세숫대야에 '구일신(苟日新) 일일신(日日新) 우일신(又日新)'라고 새겨놓고 아침마다 세수를 하며 그 글귀를 들여다보았다고 한다. 진실로 새로워지기 위해서, 하루하루를 새롭게 하고 또 날로 새롭게 해야 한다는 의미의 글귀를 보면서, 어제의 앙금과 실패를 씻어내고 매일의 삶을 새롭게 하려고 했던 왕의 의지를 엿볼 수 있다.

거울은 자신의 솔직한 모습을 보여주고 스스로를 돌아보게 해주는 것 이외에도 여러 가지 다른 깨달음을 준다. 거울을 바라보며 오른손을 들어보라. 당연히 거울 속의 나는 왼손을 들고 있을 것이다. '당연한 거 아니야?'라고 생각하고 그냥 지나치는 사람이 대부분일 것이다. 하지만 언젠가 나는 문득 '나 자신을 비추는 거울조차 나를 반대로 나타나게 하는데, 부하가 내 뜻을 어떻게 있는 그대로 이해하겠는가?'라는 생각을 해보았다. 수많은 지휘관들이 자기가 지시한 일을 부하들이 완벽히 수행해 낼 것으로 기대한다. 그러면서 그 기대에 못 미치거나 아예 자신의 의도와 전혀 다른 방향으로 임무를 수행하는 부하에 대해서 질책을 하기도 한다. 부하를 책망하기 전에 자신부터 돌아보아야 한다. '과연 부하가 내 생각을 정확히 이해할 수 있도록 설명을 해 주었는가?', '혹시 나는 알고 있는데 부하는 모르고 있는 정보가 있지는 않은가?' 등을 찬찬히 되새겨 보아야 한다. 나를 완벽히 보여주는 거울도 나를 빈대로 인식하는데, 피 한방울 섞이지 않은 타인이 어떻게 나를 100% 이해하겠는가?

언젠가 한번 '혁신'에 대한 강연회에서 강사가 청중에게 한 가지 제안을 했다. 대한민국 국민이라면 모두가 알고 있는 동요를 손바닥으로 박자를 맞추어 볼 테니 노래 제목을 알아 맞추어보라는 것이었다. 마치 술자리에서 젓가락으로 노래 박자를 맞추듯이 그 강사는 손바닥으로 '짝 짝짝 짝짝짝짝' 박자를 맞추었다. 노랫가락이 없으므로 순수하게 손뼉 박자만으로 노래 제목을 맞추기는 쉽지 않았다. 그 자리에 있었던 수십 명의 사람들 중에서 정답을 맞힌 사람은 단 한 명도 없었다. 그러자 강사는 '코끼리 아저씨는 코가 손이래…….'라는 동요를 부르며 조금 전에 한 것과 똑같이 손바닥으로 박자를 맞추었다. 그 강사가 말하고자 했던 바는 '이 정도쯤이야 다 알겠지.'라는 생각은 리더 혼자만의 생각일 뿐이라는 것이다. 조직에서 리더는 많은 정보를 갖고 있지만 부하들은 상대적으로 그렇지 못하기 때문에, 리더가 생각하는 것의 절반도 알기 힘들다는 설명이었다. 그렇다. 리더는 언제나 자신의 입장보다는 부하의 입장에서 생각할 수 있는 지혜를 갖추어야 한다.

거울을 보면서 느낀 또 다른 한 가지는 사물을 뒤집어서 생각해 볼 수 있어야 한다는 것이다. 자동차를 운전하다가 구급차가 뒤를 따라오는 기회가 있다면 룸미러(room mirror)를 통해 구급차의 보닛(bonnet) 부분을 한 번 보라. 'AMBULANCE'라는 글자가 선명하게 눈에 들어올 것이다. 이는 위급한 상황에서 앞 차량의 운전자에게 구급차임을 빨리 알려서 앞질러 간다는 양해를 구하고자 알파벳을 뒤집어 써놓았기 때문인 것이다. 필자도 이를 직접 경험한 바 있는데, 거울을 통해서 'AMBULANCE'라는 글자를 보는 순간 '아차'하는 느낌을 받았던 것을 잊을 수 없다. 알파벳을 뒤집어서 써놓아도 바로 읽혀질 수 있다는 사실이 필자에게는 너무나도 신선하게 다가왔기 때문이다. 어떤 것을 대할 때 통상적으로 생각하는 관습화된 모습과 다르다고 해서 무조건 잘못됐다거나 틀렸다고 판단해서는 안 된다는 교훈을 이 경험을 통해서 얻을 수 있었다.

일상생활 속에서 너무 흔하게 보는 물건인 거울을 통해서 필자는 참 많은 것을 느꼈다. 스스로를 돌아보고 반성하기도 했고, 상대방이 나와 항상 같은 생각을 할 수 없다는 사실, 그리고 때로는 뒤집어서 생각할 때 현상을 제대로 이해할 수 있다는 사실을 알게 되었다. 부대의 지휘관으로서 이와 같은 마인드를 가지고 부하를 대하고 부대에서 발생하는 현상에 대해 대처한다면 분명히 현재보다 더 발전된 자신의 모습을 발견할 수 있게 될 것이다.

눈 뜬 봉사가 될 것인가?

자기 부대에 문제가 없다고 생각하는 사람은 그 부대의 지휘관 밖에 없다는 말이 있다. 지휘관은 그 부대에서 가장 높은 직위에 있는 사람이다. 직위가 가장 높은 사람은 부대에서 그 누구보다 가장 많은 정보를 갖고 있기에 그 부대에 대해 어느 누구보다 더 많이 알고 있다. 그럼에도 불구하고 지휘관들은 왜 모든 부대인들이 다 알고 있는 자기 부대의 문제에 대해서만은 잘 인식하지 못하는 것일까? 이 문제에 대해 필자가 생각하기에는 사람은 자신이 보고 싶은 것만 보게 되기 때문이라고 생각한다.

인지심리학 실험 중에 아주 흥미 있는 실험이 있다. 미국 일리노이대학교의 다니엘 사이몬스의 실험인데, 흰색 옷과 검은색 옷을 입은 학생 6명이 활발히 움직이면서 농구공 2개를 무작위로 서로 패스하는 동영상을 피실험자들에게 보여주면서 흰 옷을 입은 학생들의 농구공 패스 횟수를 세어보라고 하였다. 동영상 시청이 끝난 후 피실험자들은 저마다 14회, 15회, 16회 등 자신이 세어 본 숫자를 이야기했다. 그러자, 실험자는 엉뚱하게 '혹시 화면에서 이상한 것을 보지 못했습니까?'라고 질문하였고, 피실험자들은 하나같이 '이상한 것을 보지 못했다.'고 대답했다. 실험자는 동영상을 다시 보여주었다. 이번에는 공이 몇 번 오고 갔는지를 세지 말고 화면만 잘 보라고 단단히 일렀다. 화면을 보던 피실험자들은 놀라움을 금치 못했다. 공을 패스하는 사람들 사이로 고릴라 가면을 쓴 사람이 유유히 가로질러 가는 것이었다. 그 고릴라 가면을 쓴 사람은 한 가운데 잠시 멈춰서더니 마치 자신을 봐달라는 듯한 이상한 몸짓을 보내고 화면에서 사라졌다. 이 실험에서 알 수 있는 바와 같이 사람들은 자신이 세상을 있는 그대로 본다고들 생각하지만 실제로는 자신이 보고 싶은 것만 보고, 듣고 싶은 것만 듣는다는 것이다.

이를 부대 지휘에 적용시켜 보자. 지휘관들 또한 비슷한 과오를 범하고 있지는 않는지? 자기 부대에 구타와 가혹행위가 없다고 생각하는 지휘관의 눈에는 실제로 구타와 가혹행위가 있다고 하더라도 그것들이 눈에 잘 보이지 않는다. 전 세계에서 구타나 가혹행위, 비인격적인 행위가 전혀 일어나지 않는 부대는 없다. 지휘관은 자신의 부대에서 이런 일이 발생하고 있다는 생각을 가지고 앞에서, 뒤에서, 위에서, 아래에서 보고 또 보아야 한다. 지휘관이 엄연히 존재하는 사실의 존재를 부정하면 부하들 또한 지휘관의 성향을 따라가게 되고, 행여 그런 일이 발생하더라도 이를 은폐할 수 있다. 실제로 어떤 부대에서 사단장이 구타와 가혹행위의 근절을 강조하면서 헌병대에 입창자가 단 한 명도 없음을 자랑스러워 했다. 그러자 예하 지휘관들은 자신의 부대에서 병영부조리로 인한 사고자가 나오는 것을 꺼려하여 설사 사고가 있더라도 내부에서 해결하려고 했으며 심지어 어떤 지휘관은 문제를 덮어버리기까지 했다. 이를 알지 못하는 사단장은 계속해서 사단 내에 병영부조리가 전혀 없다고 생각하면서 예하부대를 방문할 때마다 지휘관들의 노고를 치하하고 계속해서 무사고부대를 만들 것을 당부했다. 결국 지휘관인 사단장 자신이 예하 지휘관들로 하여금 사단장을 눈 뜬 봉사가 되도록 만든 것이다.

지휘관이 부대가 안고 있는 문제를 인지했다면 이를 해결하려는 의지를 갖고 바로 실행으로 옮겨야 한다. 실행으로 옮기지 않고 차일피일 미루다 보면 그 문제는 '타성화' 되어 나중에는 처음에 생각했던 문제의 심각성을 상실하게 된다.

한 가지 일화가 이를 잘 보여준다. 뉴욕의 한 남자가 집을 장만하게 되었다. 부동산 중개인은 새로운 집주인에게 "이 집은 자그마치 70년이 되었지요. 사실 손 봐야할 곳이 한두 군데가 아닐 텐데, 2개월 내에 다 고치시는 게 좋을 겁니다."라고 이야기했다. 그러자 새로운 집주인은 "손 봐야할 곳이 많은 것은 사실이지만 저는 결코 한가한 사람이 아니랍니다. 천천히 차근차근 고쳐나갈 생각입니다." 이에 부동산 중개인은 다음과 같이 말했다. "그런

식이라면 아마 당신은 못하게 될 겁니다. 2개월이 지나면 모든 것이 익숙해져 버리거든요. 마치 자신에게 딱 맞는 것처럼 느끼실 거예요. 아마도 거실에 시체가 누워있어도 밟고 다닐 수 있을 걸요?" 실제로 필자의 경우를 보더라도 이는 자명한 사실로 보인다. 통상 부대의 문제점은 지휘관으로 부임 후 초도순시를 통하여 가장 정확하게 눈에 보이나 그 문제점을 고치지 않고 얼마를 지나고 나면 당연한 것, 또는 어쩔 수 없는 것으로 보이게 되어 결국은 고치지 못하고 마는 경우가 허다하게 된다. 모든 분야에서 처음 고쳐야겠다고 생각했을 때 당장 실행하지 않으면 점점 모든 것에 익숙해져서 나중에는 현재의 모습을 당연한 것으로 받아들이게 되는 것이다.

눈 뜬 봉사가 되고 싶은가? 만약 그렇지 않다면 두 눈을 부릅뜨고 사실을 객관적으로 보아야 하고, 본 결과에 대한 조치는 바로 실행에 옮겨야 한다. 자신이 본 것이 잘된 것이라면 더 잘 되도록 해야 하고, 잘못된 것이라면 즉시 바로잡아야 한다. 그렇지 않으면 결국에는 눈은 뜨고 있지만 보지 못하는 지경에 이르게 될 것이다. 눈 뜬 봉사가 되는 이유는 문제의식이 있느냐 없느냐의 차이 때문이며, 문제의식도 시간이 지나면 지날수록 무뎌진다는 사실을 인식해야만 할 것이다.

하나가 끝나기 전에 또 다른 것이 시작된다

1970년대까지만 해도 '농한기'(農閑期)라는 말이 흔히 사용될 만큼 우리 농촌사회에는 한가한 시기가 있었다. 가을추수가 끝나고 겨울이 오면 농한기가 시작된다. 농사는 식물의 특성과 기후 조건으로 인하여 농사일이 일정시기에 편중되어 분주한 시기와 한가한 시기가 생기기 마련이었다. 농사일이 한가한 시기, 즉 겨울이 되면 다음 해의 경작을 준비하면서 농민들은 휴식기에 들어갔다. 농업기술이 발전하면서 이제는 농한기라는 말도 사라지고 있다. 지금은 농촌 어느 곳을 가더라도 겨울에 쉬고 있는 농민을 보기 어렵다. 벼농사가 끝나면 또 다른 작물을 재배하면서 겨울을 보낸다. 한 철 농사인 벼농사만 해서는 살기가 어렵기 때문이다.

현대의 조직생활 또한 이와 마찬가지이다. 조직생활을 하다보면 정말 많은 종류의 업무를 접하게 된다. 업무의 양으로 보면 짧은 일도 있고, 정말 끝이 보이지 않는 일도 있다. 하나의 일을 완료하고 나면 "이제 끝났구나. 좀 쉬어야지."라는 생각을 하고 싶겠지만, 조직의 업무 전선은 1970년대식의 가을걷이 후 농한기로 접어드는 농토가 아니라 쉬지 않고 달리는 기관차와 같다. 손님을 종착역에 내려주는 것으로 기관차의 임무는 끝이 나는 것 같지만, 그 기관차가 출발했던 역이 종착역이 되는 손님을 다시 태움으로써 또 다른 임무가 시작된다. 졸업을 새로운 시작이라고 말하는 이유도 이와 같은 맥락에서 생각해보면 쉽게 이해가 될 것이다.

한 가지 업무를 끝내면 잠시 안주하고 싶은 마음이 들겠지만, 우리는 또 다른 성공을 이끌어내기 위해 새로운 발걸음을 내디뎌야 한다. 내가 한 오늘의 성공은 결코 오늘 이 한 가지를 잘해서 이뤄진 것이 아니라 과거의 노력들이 축적되어 나타난 결실이다. 오늘의 이 성공으로 자만하고 안주한다면 그 미래는 결코 밝지 않을 것이다. 현재의 성공이 과거 노력의 결실이었다고 한다면, 미래의 성공은 오늘 내가 공들이는 노력의 결실이 된다. 1950년대의 참담함을 직·간접적으로 경험한 외국인들은 현재와 같은 한국의 발전된 모습에 놀라움을 금치 못한다. 세계도 '한강의 기적'이라고 하여 한국의 급속한 경제발전에 찬사를 아끼지 않는다. 이러한 발전은 과연 어떻게 이루어진 것일까? 두말할 필요도 없이 '60~'80년대에 '잘 살아보자'라는 신념 하나로 온 국민이 노력한 결과물이다. 이처럼 현재의 풍요로움은 과거 부모님 세대의 피나는 노력이 있었기에 가능한 것이다. 그렇다면 후대에 더 나은 세상을 물려주기 위해 우리가 현재 무엇을 어떻게 해야 할 것인지에 대한 답이 나올 것이다.

내가 오늘날 성공했던 방식이 미래에서도 똑같이 성공적으로 작용할 것이라는 보장은 없다. 왜냐하면 바로 '변화'라는 요인이 작용하기 때문이다. 상황은 언제나 바뀌며 그것을 예측하기는 매우 어렵다. '나비 효과(butterfly effect)'라는 말이 의미하는 바와 같이 브라질에 있는 나비 한 마리의 날개 짓이 텍사스에 토네이도를 가지고 올 수도 있다. 한 때 지구를 지배했던 거대한 동물이었던 공룡은 변화를 하지 못했기 때문에 멸망했다고 한다. '적응'이란 생존을 보장하는 삶의 키워드이다. 모든 생명체 중에서 변화에 적응한 1%는 생존했으며, 적응하지 못한 99%는 멸종되었다고 한다.

성공에 안주하고 변화를 무시한 결과는 참담하다. 다음의 사례가 그것을 잘 설명해준다. 2006년까지 '레이저(RAZR)'란 이름의 슬림 폰으로 세계 휴대폰 시장에서 돌풍을 일으켰던 미국 모토롤라가 2007년에는 휴대폰 부문에서 12억 달러의 영업 손실을 내며 6년 만에 적자로 돌아섰다. '잘나갈 때 조심하라'는 말이 정확히 맞아 떨어지는 예이다. 경쟁사들이 모토롤라의 슬림폰에 자극받아 뒤늦게나마 더욱 우수한 제품을 개발하는 동안에, 레이저의 성공으로 현실에 안주한 모토롤라는 결국 참담한 최후를 맞이하게 된 것이다. 벤치마킹이 활성화된 현대사회에서는 현재의 영광이 언제까지나 계속된다고 절대로 단정할 수 없다. 리더는 이를 정확히 이해하고 항상 위기의식을 갖고 조직을 이끌어나가야 한다.

길이 끝나는 곳에는 또 새로운 길이 나타난다. 종결은 또 다른 시작을 의미한다. 현실에 안주하지 말고 변화를 수긍하며 미래를 향해 더욱 정진할 때 '멸망'이 아닌 '생존'하는 종이 될 것이다. 하나가 끝나기 전에 항상 또 다른 무언가가 시작되고 있음을 명심해야 한다.

고정관념 극복을 위한 신사고(新思考)

승자는 항상 문제해결에 기여하지만 패자는 항상 문제를 일으킨다. 승자는 항상 계획을 갖고 말하지만 패자는 항상 변명을 생각하고 있다. 승자는 항상 '책임을 지겠다'고 말하지만 패자는 항상 '나와는 상관없다'고 말한다. 승자는 항상 대안을 강구하지만 패자는 항상 문제점만을 지적한다. 승자는 항상 '어렵지만 가능하다'고 말하지만 패자는 항상 '가능한지 잘 모르겠지만 너무 어렵다'고 말한다.

3
혁신의 방법

보다 먼저, 보다 정확히, 보다 창의적인 대안

앞에서 혁신을 위한 준비과정을 살펴보았다. 이제부터는 성공적으로 혁신을 이루기 위해서는 어떻게 해야 할지에 대해 알아보고자 한다. 많은 사람들이 혁신의 필요성을 인식하고 혁신을 시도하지만 도대체 어떤 방식으로 접근해야 할지, 그리고 어떤 방법으로 움직여야 할지에 대해 잘 알지 못하고 망설이다가 결국 혁신에 실패한다. 사실 혁신의 방법은 그리 어려운 것이 아니다. 혁신의 의미로부터 접근해 보면, 혁신이란 '묵은 관습, 풍속, 조직, 방법 등을 완전히 바꾸어 새롭게 한다.'는 것인데, 새롭게 한다는 것은 지금까지의 방법을 남들이 하지 않은 다른 방법으로 바꾼다는 것을 말한다. 만일 누군가가 이미 시행한 일을 따라하는 것은 '혁신'이라기보다는 '모방'에 불과하다. 혁신이란 남보다 먼저 새로운 방법으로 하는 것이다. 필자는 혁신의 방법론으로서 '보다 먼저, 보다 정확히, 보다 창의적인 대안'을 제안한다.

미국의 식품회사 가운데 '홀 푸드(Whole Foods)'라는 곳이 있다. 존 메케이는 미국 텍사스 주(州) 오스틴 시(市)에 자연식품 슈퍼마켓인 '홀 푸드 내츄럴 마켓'을 오픈하고, 건강관리에 특히 관심이 많은 구매자들에 초점을 맞추어 슈퍼를 운영했다. 이 구매자들은 식품에 화학첨가제를 넣지 않은 것을 찾는 사람들이었는데, 그 수는 그리 많지 않았다. 일반적으로 사람들은 첨가제가 다소 들어가더라도 가격이 더 저렴한 것을 찾기 마련인데, 존 메케이는 이에 아랑곳하지 않고 유기농식품의 판매에 심혈을 기울였다. 그곳의 식품들은 정말로 신선하고 건강에 좋은 식품들이었다. 가격이 비싸다고 'whole paycheck'(급여만큼 비싸다)라는 별명이 붙여졌지만, 유명한 건강 식품업체로 성장하여 지금은 식품업계의 '스타 벅스'로 자리매김을 하게 되었다. 오늘날 홀 푸드는 1년에 거의 60억 달러의 매출을 기록하며 식품회사의 혁신 모델이 되고 있다. 존 메케이는 타 경쟁업체들이 식품의 질(質)보다 가격에 중점을 두고 경쟁한 것과는 달리, 소비자들이 앞으로는 양질의 식품을 찾게 될 것이라는 확신을 갖고 그 방향으로 한 우물을 팠으며, 결과는 성공으로 이어졌다. 성공의 핵심은 창의적인 사고에 기초하여 미래의 소비양상 변화를 정확히 예측하고 타 경쟁업체와 달리 새로운 분야로 먼저 움직였다는 것이다.

우리나라의 사례를 한 가지 더 살펴보자. 식사 후에 입 냄새를 제거하기 위한 간단한 방법으로 사람들은 껌을 씹는다. 많은 회사들이 다양한 맛과 질감의 제품을 소비자들에게 내어 놓았다.

1990년대 중반 이후 껌 시장은 환경보호에 대한 의식 제고와 매체의 계몽, 껌에 대한 인식의 변화 등으로 인하여 점점 설 땅을 잃어가는 듯 했다. 그런 가운데 롯데제과에서 2000년 5월 단순한 껌이 아닌 '치아 보호용' 기능을 갖는 '자일리톨' 껌을 출시했다. 롯데제과는 핀란드 사람들이 일상생활에서 치아보호나 치아 치료용으로 섭취하던 자일리톨이라는 식자재를 식문화 콘텐츠로 포장하는 창조적인 발상을 하였다. 단순한 식품으로서의 껌이 아니라 의료적 효과가 있는 식품으로 변환시켜 이를 부각시킴으로써 소비자들의 관심을 이끌어 내었다. 자일리톨 껌이라는 명칭이 특정 회사의 고유상표로 등록될 수 없는 것이었기 때문에 타 경쟁업체인 해태와 오리온에서도 똑같은 이름으로 2000년 12월과 2001년 2월에 자일리톨 껌을 출시했다. 하지만 현재 롯데 자일리톨은 타 경쟁업체를 물리치고 70% 이상의 시장 점유율을 기록하고 있다. 맛도 비슷하고 질감이나 자일리톨 성분의 효과도 큰 차이가 없지만 롯데 자일리톨이 타 경쟁업체 제품보다 소비자의 사랑을 더 받는 이유가 무엇인가? 바로 다른 회사보다 먼저 이 제품을 시장에 내어놓았다는 것이다.

창의적인 방안을 마련하여 남보다 먼저 혁신을 추진하였으나 실패하는 경우도 많이 있다. 다른 부대에서는 시행하지 않고 있는 새로운 제도나 캠페인을 시작했지만 얼마 못 가서 추진 탄력을 잃고 유야무야 되는 경우들이다. 이는 신속성과 창의성에만 주안을 두고 정확성의 요소를 간과했기 때문이다. 혁신의 목표에 정확하게 부합되는 방향으로 운동을 추진해야 하는데 그렇지 못했기 때문이다. 병사들을 위한 새로운 제도라면 마땅히 병사들이 주도할 수 있도록 일을 추진해야 하는데, 대부분의 경우 간부들이 계획, 준비, 시행을 주도한다. 필자는 사단장 시절 '블루 랜드' 운동을 전개했다. 블루 랜드란 말은 경쟁이 없는 새로운 시장, 즉 신 개척지를 뜻하는 블루오션(Blue Ocean)과 육군을 뜻하는 랜드(Land)의 합성어이다. 블루 랜드 운동은 블루오션과 같은 최신 경영기법을 이해하고 이를 도입하여 '꿈에 그린' 병영문화를 조성함으로써 전투력의 낭비를 막고 강한 전투력을 육성하기 위한 운동이었다. 이 운동이 성공하기 위해서는 기본적으로 병영문화 창조의 주인공인 병사들이 아이디어를 내고 운동 전개의 중심이 되어야 한다. 이 블루 랜드 운동은 병사 모두가 그 취지에 공감하고 자발적이고 적극적으로 참여함으로써 성공적인 군 조직의 혁신 사례가 되었다.

지휘관으로서 혁신에 성공하고 싶다면, 남들보다 먼저 창의적인 대안을 제시해야 한다. 이 때 아무리 창의적인 대안이라 할지라도 혁신의 목적에 부합하지 않은 대안은 결코 성공할 수 없음을 유념해야 한다.

벤치마킹을 하라, 그러나 따라 하지 마라

남들보다 먼저, 정확히, 창의적인 대안을 제시하는 것은 성공적인 혁신에 있어 가장 기본적인 것이면서 또한 가장 힘든 과정이다. 창의적인 대안을 제시하기 위해서는 현 상황에 대한 철저한 분석을 바탕으로 전체적인 흐름을 파악하고 미래에 대하여 정확하게 예측할 수 있어야 한다. 필자가 생각하는 창의적인 대안 마련을 위한 효과적인 방법 중의 하나는 벤치마킹(benchmarking)이다. 벤치마킹은 경영기법 중의 하나로서 '경쟁업체의 경영방식을 면밀히 분석하여 경쟁업체를 따라잡기 위한 방안을 도출해내는 전략'이다. 벤치마킹을 잘하면 경쟁업체의 성공전략을 자신의 업체 현실과 상황에 맞추어 더 훌륭히 적용할 수 있으므로 한층 더 창조적인 대안을 찾아낼 수 있다.

그러나 벤치마킹에는 위험요소도 내재되어 있다. 벤치마킹이 원래의 의도대로 구현되지 못하고, 피상적인 '베끼기 전략'으로 되는 경우 혁신에 실패하는 것은 물론 기존의 안정적인 틀마저 깨뜨리는 부작용이 야기될 수 있다. 아무리 창의적이고 건설적인 대안이라 하더라도 각 조직마다 환경과 상황이 다르기 때문에 효과적으로 적용되기 어려운 경우가 분명히 있다. 그럼에도 불구하고 이를 무리하게 적용하면 여러 가지 부작용이 생기기 마련이다. 상비사단, 향토사단, 동원사단은 각각의 부대가 고유의 임무와 편성에서 근본적으로 차이가 있고 병력의 수준에도 어느 정도 차이가 있는데, 어떤 부대에서 성공적으로 적용되었다고 해서 무분별하게 타 부대에서도 그대로 적용하려고 한다면 큰 무리가 생긴다.

벤치마킹을 성공적으로 하기 위해서는 타 경쟁업체의 전략을 모델로 삼되 자신의 현실을 반영하는 좋은 아이디어를 많이 모으고, 적시적으로 이를 리모델링하여 자신의 조직에 맞는 실천계획을 수립해야 한다. 하나의 성공적인 예로서 삼성전자가 IBM으로부터는 온라인 글로벌 제안시스템을, 혼다 자동차로부터는 실패를 받아들이는 조직문화를, 구글로부터는 창조적 아이디어를, 노키아로부터는 글로벌 생산체제와 저가폰 전략 등을 벤치마킹한 사례를 들 수 있다.

미국의 한 설문조사에서 500명이 넘는 CEO들에게 자사와 경쟁사의 전략에서 차이가 무엇인지에 대해 물어본 적이 있는데, 그 결과는 매우 흥미로웠다. 전체 CEO 중 자사의 전략과 경쟁사의 전략이 별 차이가 없다고 답변한 사람이 전체의 70%를 넘었다. TQM, Downsizing, ERP, CRM, E-Business 등과 같은 혁신기법이나 새로운 경영이론이 등장하면 계절 유행 패션과도 같이 너도나도 도입해서 순식간에 대부분의 기업에 전파된다. 이처럼 많은 기업들이 자사의 역량이나 자원, 위상 등에 대한 고려 없이 새로 등장한 기법이나 이론을 무분별하게 따라 하기 때문인 것이다.

벤치마킹을 통해서 우리는 창의적인 대안을 찾을 수 있을 뿐만 아니라, 또 혁신에 성공할 수 있다. 그러나 타인의 아이디어를 피상적으로 모방하는 경우 혁신을 이루기보다는 오히려 기존의 틀을 뒤흔들어서 혼란만 불러일으킬 수 있음을 명심해야 한다.

특별해지려고 엉뚱한 짓을 하지 마라

세르반테스의 소설 『돈키호테』에서 주인공인 돈키호테는 자신이 중세의 기사와 같은 특별한 영웅이라는 환상에 빠져서 시대착오적인 행동을 일삼으며 곳곳에서 문제를 일으킨다. 돈키호테의 하인인 산초는 그러한 주인을 따라다니면서 수많은 고초를 함께 겪는다. 당시의 스페인 사회에 풍미하고 있던 중세의 기사들에 관한 이야기의 허구성을 풍자한 이 소설이 나온 이후 돈키호테라는 이름은 잘못된 영웅심리 속에서 엉뚱한 짓을 하는 사람의 대명사가 되었다.

우리의 주변을 살펴보면 돈키호테와 비슷하게 특별해지려고 엉뚱한 짓을 하는 사람을 꽤 많이 발견할 수 있다. 정도를 벗어난 행동과 아이디어가 때에 따라서는 창조적이고 신선한 것으로 보여질 수도 있다. 그러나 그것이 진정하게 창조적이고 신선한 것이 되기 위해서는 설득력 있는 논리가 뒷받침 되고 상식적인 검증을 거친 것이어야 한다. 그렇지 않다면 그것은 말 그대로 엉뚱하거나 괴상한 것일 뿐이며 보통 수준의 행동이나 아이디어보다 못한 것이 된다. 평범한 노력에는 평범한 결과 밖에 없다는 말도 맞지만, 특별해지려다 평범한 수준에도 이르지 못할 수 있음을 알아야 한다. 특별함을 얻으려면 먼저 평범이라는 기본적인 수준부터 도달하여야 한다.

특별한 일을 시작하기 전에는 주변의 의견을 구해보고 '이것을 하면 안 되겠구나.'라는 생각이 들면 하지 말아야 한다. 자신의 경험이나 상식은 개인적인 것이고 한 사람이 갖고 있는 지식에 불과하다는 것을 인정하고, 주변의 의견을 겸허히 수용할 줄 알아야 한다. 어떤 일이든 행동으로 착수하기 전에 먼저 위험요소가 있는지를 확인하여 반드시 그에 대한 조치를 먼저 하고 불안감을 모두 해소한 후에 일을 진행하여야 그르침이 없게 된다. 특별한 것이 아니라 단지 엉뚱한 것일 뿐이라고 아무리 조언해도 이를 깨닫지 못하면 돈키호테의 비극이 재연될 수밖에 없다. 맥아더 장군이 모두가 만류하던 인천 상륙작전을 감행하여 성공한 예나, 충무공 이순신 장군이 어느 누구의 상상을 초월하게 12척의 판옥선으로 수백 척의 왜선을 물리친 사례를 들며 엉뚱함의 미학을 주장할 수도 있다. 그러나 우리가 여기서 분명히 알아야 할 것은 이들이 단지 무모하게 엉뚱한 일을 저지른 것이 우연히 성공으로 이어진 것이 아니라, 자신이 발휘할 수 있는 역량에 대한 치밀한 계산과 철저한 준비, 그리고 성공에 대한 확신이 있었기 때문에 가능했던 일이라는 것이다.

특별함을 얻기 위해서는 적어도 먼저 평균 정도의 수준은 확보해 놓아야 한다. 달릴 수 있기 위해서는 걷는 능력이 선행되어야 하는 것처럼 특별한 성과를 달성하기 위해서는 남들도 모두 달성 가능한 평균 수준에는 먼저 도달해 있어야 한다. 전술훈련평가에서 최우수 성적을 거두기 바란다면 먼저 기본이 충실하게 되어 있어야 하고, 그 다음에 특별해지기 위한 보통 수준 이상의 무언가를 착안해 내어야 한다. 군 생활을 하면서 누구나 한번쯤은 일시적으로 반짝 강조되었다가 1~2년이 채 못 되어 언제 그랬느냐는 듯이 사라져버리는 지시사항을 받아본 경험이 있을 것이다. 상급부대 정책부서에 근무하게 되면 자신만의 '한 칼'이 있어야 된다고들 한다. 남들과 똑같이 평범하게 일해서는 인정받을 수 없고, 진급에서도 우선순위가 밀리게 된다는 것이다. 따라서 많은 사람들이 자신만의 기발한 과제를 한 가지씩 제안하게 된다. 그러니 이러한 과제가 정말 창조적이면서도 누구나 공감하는 것인 경우도 있지만, 반대로 당시 상급지휘관에게는 인정받았으나 타당성에 대한 충분한 검토 없이 추진되어 결국에는 시행하지 않는 편이 오히려 더 나은 과제도 많이 있다. 이 얼마나 큰 노력과 시간과 자원의 낭비인가? 상급부대에서 추진한 엉뚱한 과제 하나가 하급부대 간부들에게는 수십, 수백 시간의 노력과 자원을 불필요하게 투자하도록 만드는 결과를 초래한다. 상급부대에 근무하는 간부일수록 특별해지려고 엉뚱한 것을 만드는 과오를 범해서는 절대 안 된다.

리더는 자신이 이끄는 조직을 특별하게 변화시키고 싶어 한다. 이는 어떤 리더나 보이는 공통적인 모습이다. 하지만 이 때, 특별한 변화와 엉뚱한 변화는 구분되어야 한다. 특별해지기 위해 엉뚱한 사람이 되어서는 안 된다. 그것이 돈키호테가 온몸을 바쳐 후대의 리더에게 알려준 교훈이다. 돈키호테가 말을 타고 달릴 수 있는 곳은 지금의 어디에도 없다.

생각은 기록하고, 기록은 실행하라

인간은 망각의 동물이다. 로봇이 아닌 이상 모든 인간의 기억력에는 한계가 있다. 독일의 심리학자인 에빙하우스(Ebbinghaus)는 기억에 관한 실험 결과를 담은 '기억에 관하여'라는 논문에서 인간의 망각주기 곡선을 제시하였다. 16년에 걸친 그의 연구에 의하면 보통 사람의 경우 어떤 내용을 한번 암기하고 나면 10분 뒤부터 망각하기 시작하는데, 1시간 뒤에는 50%를, 하루 뒤에는 70%를 잊어버리고, 한 달 뒤에는 80%를 잊어버린다고 한다. 이러한 인간의 망각현상에 대비하는 방안이 바로 '메모의 습관'이다. '메모'의 중요성은 아무리 강조해도 지나치지 않다. 어떤 사람은 잠잘 때 꾼 꿈의 내용을 잊어버리지 않기 위해 베개 옆에 메모지와 펜을 준비해 두기도 한다.

지휘관들에게 있어서 기억의 중요성은 두말할 필요가 없다. 상관의 지시사항, 개인적인 스케줄은 물론 부하와의 약속 등 잊어버려서는 안 될 수많은 일들이 있다. 이렇게 많은 것들을 잊지 않고 적시적절하게 활용하기 위해서는 기억해 두어야 할 사항이 생각났을 때 이를 반드시 기록해 두어야 한다. 어떤 지휘관은 메모하는 습관을 지키는 것을 자기 자신과의 약속이라고 스스로에게 다짐하면서, 자신이 메모한 것 중에서 그 목록 옆에 '완료'라고 표기하지 않은 것은 빚(채무)이기 때문에 메모한 것들을 빠짐없이 실행하도록 노력한다고 한다. 이러한 습관은 진실로 본받을 만한 가치 있는 습관이다.

언행일치(言行一致)라는 말은 흔히 들을 수 있는 말이고 그 뜻도 잘 알고 있을 것이다. 이 말은 생각하는 것 또는 말하는 것이 행동과 일치해야 한다는 뜻을 담고 있다. 또한 이러한 기본적인 뜻에 부가하여 '행동을 할 때는 생각을 하면서 하라.'라는 뜻이 숨어있음을 유의할 필요가 있다. 계획했던 일을 실제로 행동으로 옮기다 보면 여러 가지 상황 변화로 인하여 원래의 계획을 바꾸어야 할 경우가 발생한다. 유연하지 못한 사고로 처음에 계획하고 생각했던 일을 원래 계획 그대로 실천해야 한다고 고집하는 것만이 언행일치가 아니다. 일을 실전하면서 부딪치는 여러 가지 상황 변화에 능동적이고 유연하게 대처하는 것, 즉 생각하면서 행동할 때 원래 계획했던 일을 본질적으로 달성할 수 있게 되므로 이렇게 행동하는 것이 참된 의미의 언행일치라고 할 수 있다.

하나의 예를 보자. 부대가 작전 수행 중에 생각하지 못했던 장애물을 만났다. 중대장의 명령에 따라 14:00까지 목표인 '가' 지점에 도착하기 위해 기동 중이던 A소대와 B소대는 지도 상에는 기동 가능한 길로 표시되어 있었으나, 최근 장마로 인한 산사태로 도저히 기동할 수 없는 상황에 직면하게 되었다. 평소 능동적이고 유연한 사고를 가지고 있는 A소대장은 상황 변화를 고려하여 목표시간에 목표장소까지 도달하기 위해서는 기계획된 기동로가 아닌 새로운 기동로를 개척해야 한다고 생각하고 이를 실천하여 중대장이 원하는 시간에 목표에 도달할 수 있었다. 하지만 B소대장은 최초에 중대장으로부터 받은 명령을 글자 한 자 틀림없이 수행해야 한다고 생각하여 산사태로 막힌 기동로를 다수의 부상자를 내면서 고군분투하여 개척하였지만 계획된 시간에 목표장소에 도달할 수가 없었다. 이는 리더가 계획을 실행에 옮기는 과정에서 생각하면서 행동하는 것이 얼마나 중요한지를 보여주는 좋은 예이다.

지휘관으로서 부하들로부터 존경과 신뢰를 받고, 스스로에게 떳떳하기 위해서는 생각은 깊고 넓게, 기록은 세밀하게, 실행은 완벽하게 해야 한다. 이는 비단 지휘관뿐만 아니라 민간 조직의 모든 CEO에게도 요구되는 중요한 덕목이다.

타이밍(timing)이 생명이다

3차원의 공간 속에 존재하는 모든 것들을 움직이고 변화시켜 생명력 있게 만드는 제4차원이 바로 시간이다. 옛말에 시간은 황금이라고 하지 않았던가. 시간은 기본적으로 그 양이 가장 중요하다. 시간만 많이 주어진다면 못할 일이 없을 것이다. 그러나 시간에서 양에 못지않게 중요한 요소가 또 하나 있다. 바로 타이밍이다. 같은 행동, 같은 조치라도 어느 시간대에 했는가가 일의 성패에 결정적인 작용을 한다.

당장 실행에 옮겨서 적정 수준의 효과를 거두는 계획이 타이밍을 놓친 완벽한 계획보다 훨씬 낫다. 짝사랑하고 있던 그녀를 완벽하게 사로잡을 수 있는 사랑 고백을 아무리 치밀하게 잘 만들었다 하더라도 다른 남자가 나보다 먼저 그녀에게 프러포즈를 하여 그녀를 차지해 버렸다면 나의 그 완벽한 구애 계획은 수포로 돌아가게 된다. 당장 적용할 수 있는 조금 덜 좋은 방법이 때를 놓친 뒤에야 적용될 수 있는 완벽한 방법보다 훨씬 효과적일 수도 있다는 것이다.

참모 활동에서 타이밍의 중요성을 보여주는 한 예를 보자. 어느 대대 작전과장이 금요일 저녁에 연대로부터 아주 중요한 지시사항을 접수하였다. 마침 대대장은 휴가 중이라서 작전과장은 월요일 아침에 보고를 하기 위하여 휴일임에도 불구하고 출근하여 열심히 보고서를 만들었다. 그런데 일요일 저녁에 연대장이 대대장에게 전화를 걸어 금요일에 지시했던 일을 어떤 식으로 추진할 것인지 질문하였다. 그 사항에 대해 아무것도 보고받지 못한 대대장은 아무런 대답을 할 수 없었다. 그 시간에 대대 작전과장의 책상 위에는 지시사항에 대하여 완벽하게 작성된 시행계획 보고서가 놓여 있었다. 적절한 타이밍을 놓친 그 보고서가 아무리 완벽하게 준비되었다고 한들 무슨 소용이 있겠는가? 작전과장이 보고서를 만들기 전에 전화로 대대장에게 연대장의 지시사항을 최초 보고하고 조치계획에 대해 간단하게 언급만 하였다면 대대장도 난처한 상황을 당하지 않았을 것이고, 작전과장이 휴일 동안에 작성한 시행계획은 더욱 빛났을 것이다.

타이밍이 늦은 해결책은 더 이상 해결책이 아니다. 자살사고를 한번 예로 들어 보자. 자살하려고 하는 사람은 대부분의 경우 자신의 그런 생각을 여러 사람에게 흘리게 된다. 이렇게 주변사람에게 자신의 생각을 알리고 있을 때, 주변사람들이 그 의도를 빨리 눈치 채고 조치를 취한다면 자살이라는 돌이킬 수 없는 사고가 방지될 수 있다. 자살사고는 도화선이 길게 연결된 폭탄의 폭발에 비유할 수 있다. 만화영화를 보면 도화선의 한쪽 끝에 불을 붙이면 불꽃이 도화선을 따라 점점 타들어가다가 그 도화선의 맨 끝에 연결되어 있는 폭탄이 마지막에 폭발하는 모습을 볼 수 있다. 자살사고도 이와 비슷한 양상으로 일어난다. 자살의 도화선을 따라 불꽃이 타들어가다가 마침내 자살이 발생하는 것이다. 누군가가 중간에 이 사실을 인지하고 그 도화선의 어느 한 부분만 잘라버리면 간단히 해결될 수 있는 문제이다. 도화선 주변에 있는 사람이 많으면 많을수록 그것을 발견할 확률은 높아진다. 자살하고자 하는 사람은 순간의 고비만 넘기면 자살 충동도 썰물처럼 빠져나간다고 한다. 순간의 관심이 자살사고를 방지할 수 있다는 말이다. 말 그대로 타이밍이 생명이다.

살다 보면 과거의 일에 대한 후회로 오늘을 사는 경우도 있고 내일에 대한 걱정으로 오늘을 사는 때도 있다. 그러나 가장 중요한 것은 '지금 이 시간! 지금 이 일! 지금 여기!'이다. 현재 이곳의 모든 상황과 조건이야말로 내가 가지고 있는 최선의 것이다. 과거는 이미 지나갔고 미래는 미래일 뿐이다. 과거의 영광과 미래의 찬란한 기대보다 현재 하는 일이 가장 중요하다.

지금 이 순간 내 앞에 있는 사람이 가장 귀중한 사람이라고 톨스토이가 말했던가. 현재의 소중함을 알았던 그의 과거와 미래 역시 행복했을 것임은 의심할 여지가 없다. 과거의 영광과 미래의 찬란한 기대보다 현재 당면하고 있는 일이 가장 중요하다는 사실을 잊어서는 안 된다.

혁신의 결과

팔방미인형은 어느 것도 성취할 수 없다

우리 주변에는 여러 분야에 걸쳐 다재다능한 사람이 꽤 많다. 많은 사람들이 이러한 사람을 부러운 시선으로 바라본다. 그러나 결코 그렇게 부러워할 필요가 없다. 이런 사람들의 거의 대부분은 다방면에 걸쳐서 조금씩 알고 있을 뿐 얼핏 보기에는 대단히 유식한 것 같아 보이지만 어느 한 가지 분야에 대한 지식은 그리 깊지 않기 때문이다.

사람이 갖고 있는 에너지에는 한계가 있다. 비슷한 양의 에너지를 여러 분야에 분산하여 사용하면 자연히 어느 한 분야에 집중할 수가 없는 것이다. 옛 말에 '12가지 재주를 가진 사람이 밥을 빌어먹는다.'라는 말이 있다. 왜 재주가 많은데 빌어먹게 된다는 것일까? 이유는 간단하다. 이것저것 하다 보니 피상적으로 아는 것은 많겠지만 어느 한 가지 일에서 전문성을 쌓지 못하기 때문에 사회에서 꼭 필요로 하는 사람은 될 수 없다. 또 여러 가지 일들에 간여하다 보니 한 가지 일에 만족하지 못하고 쉽게 싫증을 내고, 결국 생활의 주춧돌이 될 한 분야의 능력을 쌓을 기회를 놓치게 되는 것이다. 남들이 부러워하는 다재다능이라는 것이 실상은 실속이 없는 것이다.

그러나 어떤 한 가지 일을 정해놓고 그것에 매달리는 사람은 언젠가는 그 분야에서 크게 성공할 수 있다. 바로 한 우물만을 파는 것이 인생에서의 성공 비결이다. 우리 모두가 인간인 이상 능력의 한계는 분명히 있기 때문에 이를 인정하고 선택과 집중을 통해 효과 있는 결과를 얻어야 한다. 모든 것을 다 잘하는 사람을 일컬어 '팔방미인'이라고 하지만, 이런 사람은 역설적으로 어느 것 하나도 제대로 하지 못하는 사람이기도 하다.

일반적으로 한 분야에서 10년을 집중해서 일을 할 경우 그 분야에서 '달인'이라는 호칭을 받게 된다. TV 프로그램 중에 '생활의 달인'이라는 프로그램이 있다. 그 프로그램을 보면 특정 분야에서 내로라 하는 사람들이 나와 대결도 펼치고 달인의 인증을 받기 위한 검증과정도 거친다. 그들 모두는 한 분야에서 수 년에서 수십 년 동안 집중해서 일했다는 공통점을 가지고 있다.

그렇다면 군 장교도 10년 정도 근무하면 군사전문가로서의 달인이라는 말을 들을 수 있을까? 아쉽지만 그런 것 같지가 않다. 30년 이상 군 생활을 해도 자신 있게 '나는 군사전문가요.'라고 말하기는 어렵다. 그 이유는 군 생활을 통해서 수행하는 임무와 역할이 너무 다양하고 광범위하며 복잡하기 때문이다. 임관 후

소대장, 대대참모, 중대장 직을 마치고 연대 및 사단 실무자 등 직위를 이수하고 나면 금방 10년이라는 세월이 지나가 버린다. 그러다보니 많은 장교들이 10년 이상 근무를 했음에도 불구하고 자신 있게 스스로를 '달인'이라고 말할 수 없는 것이다.

그렇다면 이처럼 다양하고 광범위한 군의 업무를 하는 과정에서 어떻게 한 우물을 팔 수 있다는 것인가? 장교들 중 상당수가 소령 때까지 자신의 진로에 대해 결정을 하지 못하고 어떤 직능을 선택해야 할지도 잘 모르는 상태에서 그냥 인사명령에 따라 근무할 수밖에 없는 경우가 많다. 자신의 역량과 취향 그리고 여러 조건을 고려하여 한 방향을 정하고, 그 분야에서 전문적인 능력을 쌓기 위해 여러 가지 보직을 두루 경험하는 것은 좋은 일이다. 그런 가운데 어느 특정분야에는 스스로의 집중적인 노력과 능력을 발휘해야만 그 분야에 계속적으로 근무할 수 있는 길이 생기면서 전문가가 될 수 있게 된다.

또한 지휘관은 자신의 것만 챙기지 않고 부하의 진로와 방향에 대해서도 상담하고 조언해주어야 한다. 자신의 부하가 어느 한 분야에서 전문성을 갖추지 못하고 팔방미인형이 되기 위해 동분서주하고 있다면 과감히 충고를 아끼지 말아야 한다. 상관으로서 팔방미인형의 부하 4명을 데리고 있는 것과, 각 분야(인사, 정보, 작전, 군수)에서 전문성을 가진 4명의 부하를 데리고 있는 것 중에서 어떤 지휘관이 더 효과적으로 지휘를 할 수 있을 것인가? 의문의 여지없이 당연히 후자일 것이다. 따라서 지휘관으로서 부하를 만능인으로 만들려고 하기보다는 한 분야에서 남들보다 뛰어난 전문성을 갖는 인재로 성장하도록 지도하고 알려주어야 한다.

고급장교가 될수록 자신의 고유 가치가 중요시된다. '○○ 분야'라고 했을 때 주변에서 '누구누구'라는 반응이 나오기 마련인데, 거기에 자신의 이름이 거론될 수 있도록 능력을 갖추는 것이 필요하다. 그러기 위해서는 지금부터라도 자신이 가장 자신 있고 흥미를 갖는 분야에 대해서 매일 일정시간을 투자하여 준비하고 노력해야 한다. 인생에서 결정적인 기회는 그리 자주 찾아오지 않는다. 어떤 결정적인 기회가 주어졌을 때 자신의 능력이 요구수준에 미치지 못해서 그 기회를 잡을 수 없다면 얼마나 안타까운 일이겠는가? 어떤 특정 분야에서 1인자가 되어 주변에서 자신을 필요로 하는 사람이 되도록 스스로를 만들어야 한다. 분명히 언젠가는 해당 분야에서 '달인'이라는 말을 들을 수 있게 될 것이다.

똑같이 일하고 특별한 대우를 기대하지 마라

남들과 똑같이 일하고 특별한 대우를 기대하지는 않았는가? 학창시절 남들과 똑같은 시간과 노력을 들여 공부하고 더 나은 성적을 받기 원하지는 않았는가? 대부분의 사람들이 '예'라고 대답할 것으로 생각된다. 남보다 특별히 열심히 일하지 않았더라도 특별한 대우를 받기를 바라는 것은 인지상정이라고 할 수 있다.

그러나 현실은 사람들의 그런 안일한 희망을 들어주지 않는다. 특별한 대우라는 것은 특별한 사람에게 주어지는 것인데, 특별한 사람이란 특별한 일을 성취한 사람을 말한다. 특별한 성취는 운명이나 행운으로 손쉽게 얻어지는 것이 아니다. 특별한 노력과 특별한 투자가 있을 때 겨우 얻어질까 말까 한다. '남들과 같이 해서는 남들 이상이 될 수 없다.'라는 말이 괜히 생겨난 것이 아니다.

필자가 경험한 어떤 장교의 예를 한번 보자. 이 장교는 퇴근도 잘 하지 않고 늦게까지 일하면서 많은 노력을 하지만 특별한 성과를 내지 못하는 사람이었다. 이런 유형의 장교를 우리는 가끔 주변에서 볼 수 있다. 필자는 처음에는 항상 늦게까지 불이 켜져 있는 그 장교의 사무실을 보고 적극적으로 열심히 일하는 장교라고 생각해왔다. 그러나 특별한 성과를 내는 것도 아니면서 항상 피곤에 절어 있는 모습을 보이고, 직속상관으로부터 혼나는 모습도 자주 목격되었다. 왜 그런지가 궁금해서 그 장교의 근무 실태를 관심 있게 살펴보았는데, 약 일주일 정도 관찰해보니 그 이유를 알 수 있었다.

그 장교가 갖고 있는 문제점은 '적극성'과 '주인의식'의 부족이었다. 이 두 가지는 비슷한 성격의 요소인데, 주인의식이 투철한 사람은 적극적으로 일하게 되고, 주인의식이 부족한 사람은 그렇지 않다. 이 장교는 직속상관이 시키는 대로 끌려가는 식으로 업무를 하고 있었다. 그러다보니 시간은 많이 투자하지만 하기 싫고 재미가 없는 일을 하다 보니 능률이 오르지 않는 것이었다. 위에서 시킨 것이니까 억지로 하는 것이 되다 보니 조금이라도 자신의 업무가 아닌 것 같아 보이면 다른 부서로 떠넘기려 하고, 할 수 없이 업무를 맡아서 하더라도 차일피일 늦추다 시한이 다 되어서야 급하게 마무리하는 방식이었다. 주위를 둘러보면 이와 같은 식으로 업무를 하는 장교들이 생각보다 많았다.

이런 장교들에게 '역할수행자(role-taker)'가 아닌 '역할창조자(role- maker)'가 되라고 말해주고 싶다. 역할수행자는 단순히 지시받은 역할을 수행하는 사람을 말하고, 역할창조자는 스스로 자신의 역할을 만들어서 업무를 수행하는 사람을 말한다. 위에서 예로 든 장교는 전형적인 역할수행자의 모습이다. 단순히 위에서 시키니까, 지금까지 그렇게 해 왔으니까, 내가 아니면 누군가가 할 것이라고 생각하기 보다는 '내가 아니면 누가 하겠는가?', '지금 안 하면 언제 하겠는가?', '지금 이 시간은 피와 같은 시간으로 전투를 준비해야 할 시간이다.'라는 자세로 임무를 수행하는 역할창조자로서의 마음자세를 갖고 일한다면 일에 대한 재미도 붙고 능률도 오르게 될 것이다.

우리는 대부분 역할수행자가 되기 쉽다. 상급자로부터 일이 지시되면 비로소 그것을 수행하게 된다. 그렇게 함으로써 일을 쉽게 하는 것일 수도 있다. 일이 지시되기 전에 스스로 일을 찾아서 수행하는 것은 어렵고 힘이 드는 것이다. 그렇게 하려면 시간과 노력을 더 기울여야 하며, 사실상 귀찮기도 하다. 그러나 분명한 것은 자신이 주도하여 시작한 일은 능률이 훨씬 더 높아진다는 사실이다. 천국도 끌려서 간다면 가기 싫다는 말이 있다. 어떤 일을 자신이 주도해서 하느냐 아니면 남의 지시를 받아서 하느냐에 따라 일의 능률은 하늘과 땅만큼 차이가 난다. 자신이 주도해서 하는 일은 밤을 새워도 피곤한 줄 모르지만, 상관으로부터 지시받아서 피동적으로 하는 일은 금방 싫증나거나 지쳐버릴 수 있다. 어차피 해야 할 일이라면 역할수행자보다는 역할창조자가 되어서 하는 편이 능률도 오르고 행복하지 않겠는가?

필자는 팀(TEAM)이라는 용어를 통해, 역할창조자가 되는 것의 중요성을 강조하고자 한다. 요즘 많은 조직들이 팀(TEAM) 단위로 업무를 수행하고 있는데, 필자는 다음과 같이 단어의 첫 글자를 딴 함축된 내용으로 재해석해 보았다.

T : Together(함께)
E : Everyone(우리 모두)
A : Achieve(꿈, 비전을 성취하자)
M : More(좀 더)

역할수행자들이 모인 팀보다는 역할창조자들이 모인 팀이 훨씬 더 높은 성과를 낼 것이라는 데 대해 의문을 가질 사람은 없을 것이다.

똑같이 일하고 특별한 대우를 받게 될 수는 없다. 특별한 대우를 받으려면 남들보다 더 열심히 일해야 한다는 것은 더 이상 말할 필요가 없다. 그러나 무조건 열심히 일 한다고 해서 모든 사람이 특별한 대우를 받게 되지는 않는다. 어떻게 더 열심히 하느냐에 따라 성패가 달라지는데, '주인의식'과 '적극성'을 갖고 일을 하는 것이 핵심적인 요소가 된다. 업무를 수행할 때 주인의식을 갖고 남들보다 더 적극적으로 일할 때 자연히 열심히 한다는 이야기를 듣게 되고, 그에 따라 남들과 다른 특별한 대우를 받을 수 있게 되는 것이다.

군대문화, 이렇게 되길 희망한다

군은 명령의 절대성, 엄격한 규율, 희생과 불굴의 정신이 요구되는 문화를 가진 집단이다. 민간사회에서는 그곳에서만 통용되는 문화가 있고, 군대에는 고유의 특성으로 인해 민간사회와 차별화되는 '군대문화'가 있다. 군인은 '제복을 입은 민주시민'으로서 민간문화와 군대문화 두 가지 모두를 조화롭게 계승하고 발전시켜야 하겠지만, 장교는 군 조직의 근간으로서 기본적으로 군대문화를 잘 계승하고 발전시킬 책임이 있다.

민간사회의 문화와 차별화되는 것으로서 군대에서 잘 계승 발전시켜야 할 문화는 크게 다음의 세 가지로 정리할 수 있다. 첫 번째는 '규범문화'이다. 군 조직은 평시와 전시를 막론하고 조직이 제대로 힘을 발휘할 수 있도록 상하 수직적인 위계질서를 강조한다. 그러나 상하 위계질서를 지나치게 강조하면 때로는 상급자가 하급자에게 비합리적인 명령이나 지시를 할 경우도 있다. 상하 수직적인 권위는 합법성과 합리성에 기초하여 인정되어야 한다. 따라서 지휘관은 합리적인 권위가 수립될 수 있도록 하는 제도를 적극적으로 개발하여 시행하여야 한다.

그러한 제도의 몇 가지 예를 들어보면 병 변호인 제도, 소대장 병 체험, 병장 기득권 포기 등이 있다. 이러한 제도들은 대개 상급자의 위치에 있는 사람들이 지금까지 누려온 권한이나 권력을 포기해야 실효성을 거둘 수 있다. 따라서 지금까지 부적절하게 남용되었던 권한을 과감히 포기할 줄 아는 지혜가 올바른 규범문화를 정착시키는 지름길이 될 것이다.

두 번째는 '가치문화'이다. 군인으로서 지녀야 할 주요 가치인 가치관, 사생관, 직업관을 확고하게 정립할 수 있도록 하는 시스템을 개발하여 시행하여야 한다. 군인으로서 가져야 할 주요 가치관 중의 하나로서 '지역주민과 함께 하는 부대상'이라는 의식을 들 수 있다. 부대개방, 사회 봉사활동 체험, 헌신적인 대민지원, 사랑의 헌혈 릴레이, 따뜻한 마음 전하기 운동 등은 군인이 지역주민을 지켜주어야 하는 대상이라거나, 함께하는 존재로 인식하도록 하는데 도움을 줄 것이다. 이러한 활동을 통해 지역주민들과 돈독한 친분을 쌓게 되면 부대원들로 하여금 이들을 지켜주기 위해 더욱 노력하며 군인의 본분에 충실하고자 하는 행동을 자연스럽게 이끌어 낼 수 있을 것이다. 이것은 또한 군에 대한 국민의 신뢰를 높여준다는 부수적인 효과도 가져오게 한다.

세 번째는 '물질문화'이다. 이는 적과 싸워 승리하기 위한 유형전력을 발전시키고 개선하는 제도들이다. 지난 반세기 동안 우리 군은 유형전력에 있어서 큰 발전을 이루긴 했지만, 아직도 많은 과제를 남겨두고 있다. 무기체계의 현대화, 기지(Base) 개념의 부대 주둔지 통합, 활기찬 병영생활에 필요한 각종 시설 현대화가 바로 미완의 과제들이다. 정신전력이 제일 중요하지만 적보다 낙후된 장비로는 현대전쟁에서 승리할 수 없다. 유형전력이 뒷받침된 가운데 총체적인 전력이 발휘되어야 한다. '개천에서 용 난다.'라는 말처럼 예전에는 아무런 배경이나 경제적 뒷받침이 없이 맨손으로 성공하는 사람들이 많았지만, 최근 들어서는 유형적인 뒷받침 없이 정신력만으로 크게 성공하기는 더욱더 힘든 시대가 되어가고 있다. 이러한 차원에서 볼 때, 무형전력과 함께 유형전력의 발전은 절대적이라 할 수 있다.

우리 군이 특히 중점을 두고 계승 발전시켜야 할 문화를 앞서 규범문화, 가치문화, 물질문화의 세 가지로 정리하였는데, 이는 민간 사회와 차별화되는 군 조직의 특성과 정체성을 반영하는 것들이다. 민간 사회와의 차별화와는 무관하게, 우리 군에서 절대적으로 육성 발전시켜야 할 고유의 군대문화가 있다. 이것은 다시 대외적인 문화와 대내적인 문화로 나누어 볼 수 있다. 대외적인 문화란 군 외부에서 바라보는 군대의 모습을 말하고, 대내적인 문화는 대외적인 군대문화를 조성하기 위한 전제조건을 말한다.

우리 군이 원하는 대외적인 문화의 첫 번째 모습은 '국민으로부터 절대적인 신뢰를 받는 군'이다. 이는 군으로서 해야 할 역할을 제대로 하는 전문성과 능력이 있는 군이 될 때 가능하다. 군이라는 조직이 존재하는 이유는 국가와 국민을 외적으로부터 보호하기 위해서이다. 그러한 국가 방위의 역할에서 국민으로부터 신뢰를 받지 못하는 군대라면 존재할 가치가 없다. 따라서 국민으로부터 절대적인 신뢰를 받는 군이 되도록 모든 노력을 경주해야 한다. 두 번째는 '어떤 위협에도 흔들리지 않는 강한 군'을 육성하는 것이다. 이는 전시에는 우리의 주적인 북한군보다 더 강하고, 평시에도 제반 위협과 재난에 즉각 대처할 수 있는 강한 군을 육성할 때 가능하다. 세 번째는 '역사에 명예로운 군'의 모습을 갖추는 것이다. 비록 과거에 군이 일부 부정적인 모습을 보임으로써 민간사회에서 군에 대한 이미지를 부정적으로 갖기도 했지만, 이를 잘 극복하고 일시적인 평판에 흔들림이 없이 오로지 국가와 국민을 위한 군의 모습으로 거듭나야 한다.

이러한 대외적인 군대문화를 이루기 위해서 필요한 전제조건이 바로 대내적인 군대문화인데, 이 역시 세 가지로 나누어 볼 수 있다. 첫째는 '순수하고 꿈이 있는 군'이 되는 것이다. 선공후사(先公後私), 청렴, 복종을 통해 깨끗한 사람들이 모인 조직을 만들어야 한다. 둘째로 '인간중심의 정과 의리로 단결된 군'이 되는 것이다. 지연, 학연, 출신과 같은 갈등의 근원을 타파하고 솔선수범(率先垂範)과 상경하애(上敬下愛), 인간중심의 지휘를 통해 정과 의리로 뭉쳐진 군이 되어야 한다. 세 번째는 '합리적 권위로 영(令)이 서는 군'을 만드는 것이다. 이를 위해서는 사적인 권위나 비합리적인 권위를 내세우지 않고 합리적인 권위로 부하들이 상관을 진심으로 따르게 하여 합리적인 부대지휘와 분명한 수명체계가 구축된 군을 건설해야 한다.

군 조직의 근간이 되는 장교들이 주축이 되어 육성하고 계승 발전시켜야 할 군대문화는 다음과 같다. 첫째, 민간사회와 차별화되는 군 조직만의 정체성과 특성을 보여주는 군대문화, 둘째, 민간사회와의 차별화 문제와는 무관하게 우리 군이 절대적으로 갖추어야 할 모습인 고유의 군대문화다. 이러한 군대문화를 잘 육성하여 발전시킬 때 우리 군은 미래지향적이고 강한 군, 그리고 명예로운 군대로 더욱 발전해 나갈 것이다.

제 4 부

Blue Land 운동
(꿈에 그린 병영)

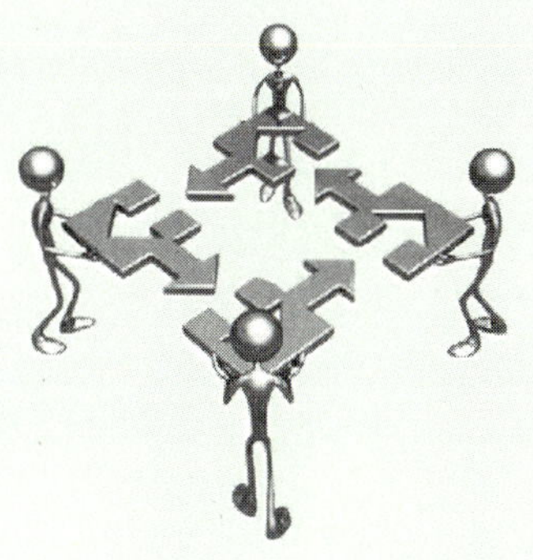

1

블루 랜드 청사진

블루 랜드 추진배경

현재 우리 군은 선진 강군으로 도약하기 위해 존중과 배려의 풍토에 기초한 자율적 선진 병영 구현을 추진하고 있다. 블루 랜드(Blue Land)는 이러한 현실 인식을 바탕으로 시작된 병영문화 개선 운동으로서 그 시작의 배경은 다음과 같다.

첫 번째는 국가적 혁신 의지에서 비롯된 것이다. 북한이라는 가시적인 주적이 존재하고 전쟁 상태가 종식되지 않은 우리나라에서 군의 존재 가치는 매우 높고, 그 역할 또한 매우 중요하다. 이와 같은 사실은 국민 모두가 충분히 인식하고 있으며, 범정부적인 차원에서 국방개혁을 강력하게 추진하고 있다. 축소지향적으로 진행되던 병사들의 군 복무기간 단축계획의 재검토, 유급장기 복무자의 증강, 정부 예산의 가용한도에서 국방비 증액, 지역안보에서의 통합적 방호력 활용 등 다양하고 입체적인 국방개혁이 추진되고 있다. 시대적 상황변화에 발맞추어 국방개혁은 끊임없이 지속되어야 한다.

두 번째는 군 내에서의 선진 병영 구현 의지에서 비롯된 것이다. 국가뿐만이 아니라 군 자체 내에서도 국방개혁의 일환으로 병영문화 혁신에 대한 논의가 활발히 이루어지고 있으며, 제도개선 역시 빠른 속도로 진행되고 있다. 한 가지 예로서 선임병들이 누리던 기득권적 혜택을 없애고 병영부조리가 없는 군대문화를 조성하자는 운동이 전군적으로 전개되고 있는데, 이는 군이 추진하고 있는 선진 병영 구현의 확고한 의지를 읽을 수 있는 대목이다.

세 번째는 민간사회에서의 가치 변화에서 비롯된 것이다. 광복 후 약 반세기가 넘는 시간이 지나는 동안 민간사회의 가치관에서는 많은 변화가 일어났다. 우리 국민은 어렵고 못살던 시절 당장 먹을 것을 찾기 위하여 이전투구적인 방식으로 삶을 이어 왔다. 그러한 가운데 '네가 죽어야 내가 산다.'라는 식의 제로섬 게임적인 가치관이 사회에 만연해 있었다. 그러나 우리 국민 모두가 "잘 살아보자."는 구호와 더불어 각고의 노력 끝에 한강의 기적을 이루면서 선진국의 문턱에 들어섰다. OECD의 일원이 된 것은 물론, 최근에는 G20 정상회의를 서울에서 개최하는 등 괄목상대한 발전이 있었다. 경제적인 발전과 더불어 사회 문화적인 발전이 병행되면서 가치관 역시 진화하게 되었다.

그러한 진보된 가치관 중의 하나가 블루 오션 전략이라는 가치관이다. '네가 살면 내가 죽고, 네가 죽으면 내가 산다.'라는 식의 제로섬적인 방식의 생존 경쟁을 레드 오션이라고 한다면, 블루 오션은 관점의 변화나 창조성을 활용하여 남들이 생각하지 못하는 영역을 개척하여 너도 살고 나도 살 수 있는, 그래서 모두가 잘 살 수 있는 길을 모색하는 경쟁 방식을 말한다. 우리 사회의 많은 조직이 이런 블루 오션을 찾기 위해 창조성을 강조함은 물론, 각고의 노력을 경주하고 있다. 우리 군도 한 차원 높은 발전을 이룩하기 위해서는 블루 오션적인 관점과 가치관을 도입해야만 한다.

블루 랜드 운동은 국가적, 군 내부적, 그리고 사회적으로 발전을 추구하고자 하는 혁신 의지를 배경으로 시도된 것이다. 존중과 배려에 기초한 자율적 선진 병영이 구현되면 우리 군은 선진화된 국가의 위상에 맞는 선진강군으로 발전할 것이다. 나아가 더 강한 대한민국을 건설하는 든든한 초석이 될 것이다.

'꿈에 그린 병영'이란?

블루 랜드 운동을 통해 궁극적으로 추구하는 것은 바로 '꿈에 그린 병영'을 건설하는 것이다. '꿈에 그린 병영'이란 부대의 전 장병이 비전(Vision)을 갖고, 상호 존중하고 배려를 베푸는 가운데 자율적으로 부여된 임무를 완수하는 병영을 말한다. 이러한 '꿈에 그린 병영'을 만들기 위한 운동이 '블루 랜드 캠페인'이다. '블루 랜드'라는 말은 무경쟁 시장, 신개척지 등의 뜻을 가진 '블루 오션(Blue Ocean)'과 육군을 뜻하는 육지(Land)의 합성어이다.

이 운동에서 착안한 주요 포인트는 위로부터가 아닌 아래에서부터의 변화를 추구한다는 것이다. 의식이나 가치관의 변화와 실질적인 행동의 변화를 가져오기 위해서는 아래서부터의 변화가 핵심적인 요소이다. 아래서부터의 변화를 통하여 우리 군이 지속적으로 추구해 온 장병 간의 상호존중과 배려문화가 실질적으로 조성되고 정착될 수 있을 것이다. 존중과 배려의 문화 위에 자율적으로 운영되는 병영을 만들어 보다 더 강한 군대를 만들자는 것이 이 운동의 최종목표이다.

블루 랜드 캠페인이 성공을 거두기 위해서는 다음과 같은 몇 가지 선결조건들이 요구된다. 첫째는 잘못된 병영 악·폐습을 척결하여 일·이등병의 고민과 갈등을 해소하는 것이다. 이를 위해 가장 중요한 것은 선임병이 그동안 누려왔던 기득권적 혜택을 포기하고 선진 병영문화 건설에 앞장서도록 하는 것이다. '개구리 올챙이적 생각 못한다.'라는 말이 군대에서는 더 이상 적용되지 않는다는 것을 선임병들이 솔선수범하여 보여줌으로써 후임병들이 고민과 갈등 없이 군 생활을 할 수 있는 문화를 정착시켜야 한다. 신병훈련소의 이등병들이 가장 원하는 것 중의 하나는 자대에 배치되었을 때, 좋은 선임병을 만나는 것이라고 한다. 본인의 의지와는 상관없이 만나게 되는 선임병에 의해 후임병의 군 생활이 좌지우지 된다는 것은 더 이상 받아들일 수 없는 문화이다.

두 번째는 직·간접적인 의사소통 방법을 개발하여 장병 상호 간에 좋은 인간관계를 형성하도록 하는 것이다. 현재 군대문화의 문제점 중 하나가 경직된 상하관계로 인한 의사소통의 부재이다. 원활한 의사소통을 위해서는 상하급자 간에 다양한 의사소통 채

널이 열려 있어야 한다. 면대면 대화나 서면보고 이외에도 휴대폰 문자, 전자메일, 메모 등을 통한 의사소통이 다양하게 이루어질 때 상하급자 간의 인간관계도 원만해지고 업무 또한 원활히 수행될 것이다.

세 번째는 제대별 능력 범위 내에서 사기를 증진시키고 복지 여건을 개선하는 것이다. 인간은 사회적 동물이기 때문에 그 주변 사람들의 분위기에 크게 영향을 받는다. 부대의 복지 여건을 개선하여 부대원들의 사기가 높아진다면 일하자는 분위기도 더불어서 형성될 것이다. 나아가 부여된 임무를 자율적으로 완수하고자 하는 부대 분위기가 조성될 수 있다.

복지 여건을 개선하려는 노력은 제대별 능력 범위 내에서 이루어져야 한다. 예를 들어, 대대장은 여가시간에 병사들이 체력단련을 할 수 있는 여건을 만들어주기 위해서 중대장들에게 각 중대별로 체력단련장을 만들라고 지시한다면, 중대장들은 각종 운동기구 구입과 장소 확보 문제 등에서 자체 해결이 곤란한 고민을 안게 될 것이다. 이렇게 되면 사기증진을 위한 복지여건 개선 노력이 오히려 예하 지휘관에게 부담을 주면서 부대의 사기와 복지를 떨어뜨리는 반대 결과를 초래할 수도 있다는 점에 유의해야 한다.

마지막은 초급 간부가 효과적인 리더십을 발휘하여 자율과 책임의 분위기를 조성하도록 하는 것이다. 블루 랜드 캠페인은 기본적으로 아래서부터의 혁신 운동이다. 따라서 블루 랜드 운동이 성공하기 위해서는 고급 지휘관의 비전과 관심 및 노력도 중요하지만 초급 간부의 효과적이고 적극적인 리더십의 발휘가 무엇보다 중요하다.

이상의 네 가지의 조건들이 충족될 때 블루 랜드 조성을 위한 '정신적 환경의 안정'과 '물리적 환경의 개선'이 이루어질 것이다. 이러한 토대 위에서 인간 중심의 병영문화를 이룩한다면 전투준비와 교육훈련의 여건이 확실히 보장되는, 말 그대로 '꿈에 그린 병영'이 분명히 조성될 것이다.

'꿈에 그린 병영' 정착 체계도

'꿈에 그린 병영'을 정착시키기 위해서는 지휘관, 간부, 병사가 모두 다같이 노력해야 한다. 지휘관, 간부, 병사의 활동은 톱니바퀴처럼 서로 맞물려 있기 때문에 이 세 파트가 긴밀하게 함께 움직일 때 '꿈에 그린 병영'은 만들어질 수 있다. 이 톱니바퀴들이 잘 맞물려 돌아가려면 이 세 파트가 각기 담당한 역할을 알아서 잘 해주어야 한다.

세 파트의 구성원들은 각자 자신이 담당한 임무와 다른 파트의 사람들에 대해서 끝까지 책임진다는 생각으로 업무와 생활에 임해야 한다. 지휘관은 지휘관으로서의 책무와 부하에 대한 책임을 다해야 한다. 간부는 자신의 담당 업무를 완수하고 지휘관과 병사에 대해서 책임을 져야 한다. 그리고 병사는 자신의 역할을 다하고 지휘관과 간부에 대해 충성으로 책임을 다하도록 해야 한다.

블루 랜드 운동이 궁극적으로 지향하는 목표는 끈끈한 정이 흐르고 부하와 동료를 먼저 생각하는 인간 중심의 병영, 그리고 자율성과 창의성을 바탕으로 완벽하게 임무를 완수하는 부대를 만드는 것이다. 그러므로 서로 상대방에 대해 일과 인간적인 면에서 끝까지 책임진다는 자세를 견지하고, 업무 수행과 상호 교류를 함에 있어서 웃고 대화하는 분위기를 만드는데 '나'부터 잘하자는 마음으로 한다면 블루 랜드라는 꿈나무는 저절로 잘 자랄 것이다. 다시 말해서 일을 함에 있어서 칭찬과 격려, 그리고 배려하는 마음으로 해야 한다. 이런 식으로 일을 하고 상호 교류를 하다보면 저절로 웃고 대화하는 분위기가 조성될 것이다.

블루 랜드, 이렇게 만들어 가자

블루 랜드는 이렇게 하면 만들 수 있다. 간부와 병사가 모두 다음의 3대 캠페인을 실천하는 것이다. 첫째, '끝까지 책임지자.' 이다. 자신이 담당한 임무는 끝까지 완수하고, 자신이 통솔하고 있는 부하에 대해서는 끝까지 보살펴주고 지원해 주어야 한다.

둘째, '웃고 대화하자.'이다. 웃으면 복이 온다고 했다. '웃음'은 사람의 마음을 따뜻하게 해주며, 사기 진작에 가장 큰 원동력이 되는 요소이다. '대화'는 의사소통의 가장 기본적인 수단이다. 상하 동료 간에 자유로운 대화가 가능한 부대는 정보 전달과 마음의 화합이 잘 이루어지는 부대가 된다.

셋째, '나부터 잘하자.'이다. 무슨 일에서든 상대방이 먼저 그렇게 해주기를 바랄 것이 아니라 '나'부터 잘하자는 생각으로 먼저 행동을 해야 한다. 앞서 말한 두 가지 캠페인인 '끝까지 책임지자.'와 '웃고 대화하자.'도 나부터 잘하면 된다. 이는 바로 솔선수범의 자세와 맞물려 있다고 할 수 있다. 솔선수범은 남보다 앞장서는 행동으로 다른 사람의 본보기가 되는 것을 말한다. 군에서는 조직문화의 특성 상 윗사람이 자신의 허물은 생각하지 않고 아랫사람의 잘못을 꾸짖거나 자신이 할 일을 아랫사람에게 떠넘기기 쉽다. 하지만 솔선수범의 자세로 '나부터 잘하자.'라는 마음을 갖고 생활하게 된다면 상호 존중과 배려의 문화가 자연스레 정착될 것이다.

특히 간부는 '꿈에 그린 병영'을 만드는 데 책임을 지고 있는 사람들이다. '꿈에 그린 병영' 운동을 정착시켜서 블루 랜드를 만들기 위해서는 간부들이 우선 다음의 세 가지 캠페인을 실천할 필요가 있다.

첫째, '서로 칭찬하자.'이다. 우리나라 사람들은 칭찬에 상당히 인색한 편이다. 특히, 군은 일상생활의 세부적인 규정과 법규가 지정되어 있고 이를 철저히 준수하도록 강조하는 조직이다 보니 칭찬보다는 질책이 더 많게 된다. 규정과 법규를 잘 준수한다고 해서 칭찬을 하지는 않지만, 규정과 법규 준수가 조금이라도 소홀하면 곧바로 질책으로 이어진다. 그리고 임무 수행에서 완벽성을 기하다 보니 조금이라도 부족한 부분이 있으면 또 질책이 나오게 된다. 그러다보니 군에서 칭찬보다는 질책이 더 많아지기 마련이다.

그러나 많은 경우 조금만 더 신경을 쓰면 규정 준수와 임무 수행을 감독하는 방법에 있어서 질책보다는 칭찬을 활용할 수 있는 방법이 충분히 나온다. '칭찬은 고래도 춤추게 한다.'라는 말도 있듯이 칭찬이라는 방법은 돈들이지 않고 부대 장병의 사기를 진작시키는 효과적이고 손쉬운 방법이다. 특히 관리자의 직위에 있는 간부들에게 칭찬을 활용할 수 있는 능력은 리더로서 빼놓을 수 없는 필수불가결한 덕목이다.

둘째, '아래를 보고 근무하자.'이다. 명령과 지시에 절대 복종하고, 상관의 고과평정에 의해 진급과 보직이 결정되는 군 조직의 특성 상 간부들은 아래보다는 위를 보고 근무할 수밖에 없다. 위를 보고 근무하는 태도는 결코 잘못된 것이 아니며, 오히려 바람직한 태도라고 말할 수 있다. 다만 문제가 되는 것은 위만 바라보고 아래를 보지 않는 경우이다. 지휘관은 직속상관의 부하이면서 동시에 직속부하의 상관이다. 따라서 지휘관은 직속상관의 명령과 지시를 철두철미하게 이행해야 함과 동시에 부하를 잘 관리하여야 한다.

그러나 현실을 보면 많은 사람들이 상관에 대한 섬김은 잘 하지만 부하에 대한 배려와 보살핌은 인색하다. 이러한 이유 때문에 아래를 보고 근무하자는 캠페인을 벌이게 되는 것이다. 위를 보아야 한다. 그러나 위를 보는 만큼 아래도 살펴야 한다. 길게 보면 위를 잘 보는 것이 아래를 잘 보는 것이 되고, 아래를 잘 보는 것이 위를 잘 보는 것이 된다.

셋째, '야근을 없애자.'이다. 이것은 다시 말하면 '효율적으로 일하자.'라는 것과 같으며 참으로 실천하기 어려운 사항이다. 이 때문에 강조할 때는 이루어지곤 하지만 지휘관이 계속 관심을 가져야 할 사안이다. 군은 전시를 대비한 조직이기에 전쟁과 관련된 업무에 주야가 있을 수 없다. 언제 전쟁이 발발할지 모르기 때문에 항상 최상의 전투력을 갖추고 있어야 하며, 준비태세가 장기화되는 것에도 대비해야 한다. 따라서 최상의 전투력을 갖춘 상태에서 최상의 휴식이 보장되는 일과가 운영되도록 하는 것이 가장 효과적이다. 그러한 상태를 유지하기 위한 조건 중의 하나가 평시 근무가 정상적인 활동으로 이루어지도록 하는 것이다.

정상적인 평시 활동을 유지하는 선결 조건이 바로 야근을 없애는 것이다. 매일 야근을 밥 먹듯이 하고 다그치면, 부대원들이 지레 지쳐서 막상 전쟁이 발발했을 때는 전투력이 고갈될 수 있다. 비상 상황이나 훈련 상황을 제외하고는 야근을 최소화하고 정상적인 일과가 유지되도록 해야 한다. 이것이 장기적으로 최상의 전투준비 태세를 확보하고 유지하는 길이다. 야근을 없애고 간부들부터 항상 밝은 모습으로 근무하도록 부대를 운영한다면 꿈에 그린 병영은 저절로 이루어질 것이다.

2

일일 실천표

'꿈에 그린 병영' 일일 실천표

'꿈에 그린 병영' 운동의 기본적인 접근방법은 아래로부터의 혁신이다. 병사들의 의식이 바뀌고 적극적으로 참여할 때 이 운동은 성공할 수 있다. 그리고 이러한 모든 운동은 일상생활에서부터 시작된다. 따라서 일과내용이 '꿈에 그린 병영' 건설의 방향과 일치되도록 구성되어야 한다.

기존의 단조롭고 반복적이던 일과에 변화를 주어 병사들로 하여금 부대가 새롭게 바뀌고 있음을 인식시켜 주는 것도 필요하다. 기상에서부터 취침시간에 이르기까지 하루일과가 즐겁고 새로워지도록 각자 창의력을 발휘하여 전투력을 향상시키면서 사기도 북돋아 주는 일일 실천표를 만들어 시행해 보는 것도 필요하다. 교육훈련과 전투준비는 군인들의 본업이다. 부하들이 본업을 하면서 보람을 느끼고 뿌듯한 자신감을 가질 수 있도록 지휘관은 촉매제 역할을 수행해야 한다.

힘찬 음악과 함께 시작하는 상쾌한 '아침 기상'

'빠 빠 빠빠빠' 군 복무를 한 사람이라면 누구나 새벽 단잠을 깨우는 기상나팔 소리에 한번쯤 조금 더 잤으면 하는 생각을 가져보았을 것이다. 왠지 콩을 볶는 듯한 기상나팔 소리가 귀에 거슬리기도 하고, 전날의 피로가 채 가시지 않은 것 같은 데 일어나야만 한다는 사실에 얼굴이 찡그려지기도 한다. 그러나 블루랜드에서는 날마다 똑같은 기존의 딱딱한 기상 나팔소리 대신 휴일 같은 경우에는 신세대 병사들이 좋아하는 아름답고 즐거운 음악과 희망의 메시지를 틀어줌으로써 기분 좋은 하루가 시작되도록 해줄 수도 있을 것이다.

배경음악은 좋은 군가를 위주로 하되, 밝고 명랑하며 힘찬 신곡들을 들려주는 방안도 때로는 큰 자극과 힘이 될 수 있다. 따라서 병사들의 다양한 의견을 수렴하여 그들이 선호하는 곡을 선정하고, 이를 주기적으로 들려주는 것이 좋다.

기상 멘트 및 음악 방송은 진중방송 시스템에 프로그램화하여 방송한다. 방송 멘트는 사전에 녹음하여 활용하는데 요일별 특성과 부대 운영주기를 고려하여 다양하게 구성한다. 특히 생일, 진급, 무사고 기념일 등 이벤트성 축하곡도 편성하여 재미를 더한다. 생일날 아침 눈을 뜨는 순간부터 진중방송의 멘트와 더불어 주위의 전우들로부터 축하인사를 받으면 하루가 얼마나 행복하겠는가?

기분 좋은 아침은 기분 좋은 하루로 이어진다. 얼굴을 찡그리며 일어나는 옆 장병을 보는 것과, 잠이 덜 깬 얼굴이라도 즐거운 음악을 들으며 혹은 재미있는 사연을 들으면서 웃고있는 얼굴을 보면서 기상을 하는 것은 큰 차이가 있을 것이다. 즐거운 음악과 희망의 메시지로 상쾌한 하루를 시작할 수 있는 것이다.

아침을 깨우는 '스트레칭'

집에서 출퇴근하는 간부들이나 내무생활을 하는 병사들도 스트레칭으로 몸과 마음을 풀어 줌으로써 즐겁고 힘찬 하루를 시작해 보자. 이것은 개인적으로도 할 수 있으나 집단적으로 같이 하면 효과적이다. 국군도수체조를 하기 전에 먼저 몸을 풀고 하루 동안 사용할 몸에 아침에 기름칠을 한다고 생각하면 딱 맞는 표현이 될 것이다. 방송이 제한될 때에는 분대장이나 선임자의 구령에 의해 내무반 단위로 시행해도 좋다.

사전에 스트레칭 방법을 교육함으로써 참여동기를 높이고 효과도 높일 수 있다. 목, 허리, 무릎, 팔 운동, 안마 등 11개의 동작으로 구성된 효과 만점의 스트레칭은 부대원들의 몸을 확실히 풀어줄 것이며, 일과 중의 훈련이나 작업 시에도 사고예방의 효과가 있다. 스트레칭 방법은 요가내용을 추가하여 계속 발전시킬 수 있다.

반드시 전체 인원이 똑같은 구령에 맞추어 할 필요도 없으며 자신이 허리운동을 조금 더 하고 싶다면 스스로 융통성을 발휘해서 그 동작을 집중해서 더 할 수도 있다. 일반사회에서는 비싼 돈을 들여가며 요가학원을 다니는데, 군 생활을 하는 동안 공짜로 교육받으며 매일 스트레칭을 한다면 얼마나 이득이겠는가? 혼자서 하면 요가 VCR이나 DVD를 구입하여 며칠 동안 반짝 운동하다가 작심삼일로 끝나버리기 쉽다. 내무반에서는 여러 사람이 함께 하고 또 제도적으로 하게 되므로 아침 스트레칭을 거르지 않고 꾸준히 할 수 밖에 없다.

스트레칭으로 인해 아침의 시작이 상쾌하며, 이 간단한 스트레칭으로 몸과 마음이 가뿐해지면 부대 전체가 활기가 넘칠 것이다.

건강한 체력은 군인의 기본

전역하는 병사들에게 군 생활을 통해 얻은 것 중에 가장 큰 것이 무엇이었는지를 물어보면 대부분이 '체력 증진'이라고 대답한다. 강인한 체력은 극한의 체력과 정신력이 요구되는 전투를 수행하는 군인이 기본적으로 갖추어야 할 가장 중요한 조건 중의 하나이다. 군 생활을 하는 동안 군인에게 요구되는 기본조건을 갖추기 위한 노력의 산물로 군인은 강한 체력을 갖게 된다. 우리나라의 젊은이들이 군 복무를 통하여 얻는 개인적인 부산물이 바로 건강한 신체와 강인한 정신이다.

지휘관은 자신이 지휘하는 병사들의 체력을 증진시켜야 할 책무가 있다. 체력단련은 사전 계획을 통하여 체계적이고 조직적으로 실시하여야 한다. 개개인의 건강 상태와 능력을 고려하여 체력단련 수준을 조절함으로써 훈련의 효과를 높이면서 사고도 예방할 수 있는 것이다.

부대 내에 뜀걸음 및 산책코스를 만들어 주어야 한다. 가능하다면 부대 여건이 허락하는 한 다양한 뜀걸음 코스를 만들어 주면 더욱 효과적일 것이다. 병사들이 이 코스를 달리거나 걸으면서 유산소 운동을 할 수 있도록 해야 한다. 체력 증진을 위한 가장 기본적인 운동은 유산소 운동인데, 하루 중 한 번은 반드시 땀을 흘리는 운동을 할 수 있도록 해야 한다. 특히 격오지에서는 운동을 할 수 있는 시간적, 지형적 여건을 갖추기 어렵다고 하더라도 어떤 종류의 운동이든 근무자들이 매일 한 번은 땀을 흘리는 운동을 할 수 있도록 신경을 써주어야 한다.

요일별로 자율 뜀걸음과 소대 뜀걸음을 구분해서 시행하는 것도 좋은 방법이다. 자율 뜀걸음은 개인별 신체능력과 컨디션을 고려하여 자율적으로 실시하는 뜀걸음이고, 소대 뜀걸음은 소대장 통제 하에 소대 전체가 일정 속도를 유지하면서 실시하는 것이다. 요일별로 이를 구분하여 시행함으로써 자율 뜀걸음 시에는 병사 개개인이 자신의 역량에 맞는 수준의 운동을 하면서 체력을 기르도록 하고, 소대 뜀걸음 시에는 단체정신과 협동심을 기르도록 하는 것이다. 토요일은 분대 단위 또는 소대 단위로 여유 있게 산책을 하면서 상하 동료 간에 대화도 나누고 전우애를 기를 수 있도록 한다.

건전한 신체에 건전한 마음이 깃든다고 했다. 신체가 건강하면 본인 자신이 즐겁고 활기찰 뿐만 아니라 인접 전우에 대한 배려와 협동정신도 높아지게 된다. 개인의 건강이 바로 부대의 건강이며, 이것이 바로 전투력이다.

경쾌한 음악과 한바탕 웃음으로 하루를 시작하자

'웃음은 만병 통치약'이라고 한다. 웃을 때 생기는 베타 엔돌핀은 우리 몸의 면역체계를 활성화시켜 스트레스를 진정시키고 혈압을 떨어뜨리며, 혈액순환을 개선시키는 등 건강에 큰 도움이 된다고 한다. 웃을 때 수십 개의 얼굴 근육과 내장기관까지 움직인다는 사실은 웃음이 운동의 효과까지 있음을 말해준다. 스탠포드 대학교의 윌리엄 박사에 의하면 한번 크게 웃는 것은 에어로빅 운동을 5분 동안 하는 운동량과 같으며 10초 동안 배를 잡고 깔깔 웃는 것은 3분 동안 힘차게 노를 젓는 운동량과 같다고 한다.

기상 시의 음악이 상쾌한 하루를 시작하게 해주는 청량제였다면, 일과를 시작하기 전의 힘찬 군가 또는 밝은 음악과 박장대소는 즐거운 하루를 꾸려 나가기 위한 에너지 충전제의 역할을 한다. 진중 방송 시스템을 통해 최신가요와 군가를 혼합하여 음악 방송을 진행해 보자. 중식 시간이나 지휘관 시간을 활용하면 큰 효과가 있을 것이다.

'베타 엔돌핀'은 사실 그리 똑똑하지 못한 녀석이다. 정말 재미있어서 웃는 것이 아니라 억지로 웃어도 우리 몸속의 베타 엔돌핀은 생겨난다고 한다. '웃음 체조'라고 해서 의도적으로라도 박장대소하면 베타 엔돌핀이 증가하고 실제로 기분이 좋아지는 효과가 있다고 한다.

하루를 시작하면서 재미있는 이야기와 함께 큰소리로 1분 이상 한바탕 웃는 시간을 가져보자. 지루한 일과가 활기차게 변할 것이다. 오전과 오후 일과시작 전에 각 부서별로 선임자가 주관하여 실시한다면 더욱 효과적이다. 처음에는 좀 어색하기도 하고 부끄럽기도 할 것이다. 하지만 한번 시작하기가 힘든 것이지 일단 한번만 시작하면 그 다음부터는 오히려 중단하기가 힘들 것이다. 웃음 체조 앞에서는 잠시 권위나 위엄을 접어두자. 간부가 병사들 앞에서 먼저 솔선수범하여 박수를 치면서 큰소리로 웃는 모습을 보여준다면 그 부대는 상하 간에 의사소통이 활성화되고 병사들은 간부에게 마음의 문을 열게 된다.

우리는 행복하기 때문에 웃는 것이 아니고 웃기 때문에 행복한 것일 수도 있다. 실제로 미국의 윌리엄 제임스라는 심리학자와 독일의 칼 랑게라는 심리학자가 각자 독자적으로 신체 작용과 심리상태 간의 관계에 대한 이론을 제시했다. 두 사람 모두 슬프기 때문에 우는 것이 아니고 울기 때문에 슬픔을 느끼며, 행복하기 때문에 웃는 것이 아니고 웃기 때문에 행복을 느낀다는 동일한 내용의 정서 이론을 발표했다. 이것을 심리학에서는 정서에 관한 제임스-랑게 이론이라고 부른다. 음악을 듣고 한바탕 웃는 시간은 짧지만 그것이 주는 효과는 오래 지속된다. 즐거움과 행복감이 넘치는 병영을 만들기 위해 모든 부대원이 같이 한바탕 크게 웃어보자.

병사들의 끼를 발산하는 '자율 동아리 활동'

병사들이 군에 와서 겪는 애로사항 중의 하나는 시간과 여건의 불비로 인하여 각 개인이 좋아하는 취미활동을 하기 어렵다는 것이다. 과거에는 군에서 자유 시간을 갖는 것 자체를 좋게 보지 않는 시절도 있었다. 병사의 권익 신장이 지휘관이 해야 할 기본적인 책무가 된 현대의 우리 군에서는 자유시간을 최대한 확보해 주는 것은 물론이고, 나아가 이 자유시간을 보다 유익하고 보람 있게 활용할 수 있도록 각종 동아리 활동을 권장하고 있다. 이러한 자유시간이 교육훈련과 전투력 향상에 도움이 되는 재충전의 기회가 될 뿐만 아니라 단결력 향상과 카타르시스의 역할이 될 것이다. 장병들이 자신이 갖고 있는 끼를 마음껏 발산하고 취미생활을 할 수 있는 자율 동아리 활동과 주 1회 갖는 동기 모임은 개인의 스트레스 해소에 도움이 되는 것은 물론 병영문화 개선에도 매우 긍정적인 영향을 미친다.

다양한 동아리 활동은 개인의 발전과 창의성 개발에 많은 도움을 준다. 주기별로 경연대회를 실시한다면 동아리 활동이 더욱 활성화될 것이다. 자신의 끼를 발휘할 수 있는 건전한 모임과 동아리 활동은 소속감과 단결심을 고취시키는 중요한 모티브가 된다. 어느 대대장은 학창시절 밴드부에서 활동했던 경험이 있어서 대대에 밴드 동아리를 결성하였다. 간부, 병사 구분 없이 누구든지 음악을 좋아하는 사람들은 모두 가입할 수 있도록 했는데, 처음에는 서로 눈치를 보고 가입을 망설였다. 그러나 업무 면에서나 인간관계 면에서 부담을 주지 않고 멤버들이 정말로 즐기는 동아리가 되도록 운영해 나가니까 관심 있는 장병들이 하나 둘씩 참여하여 나중에는 어디에 내놓아도 손색이 없는 밴드가 결성되었다. 밴드부 병사들은 입대 전에 자신이 사용하던 전자기타까지 부대로 가지고와서 틈나는 대로 연습했고, 몇몇 간부들도 일과 이후 시간을 악기 연습에 투자했다. 그리고 몇 달 후 대대의 밴드부는 사단의 각종 행사에 초청받아 공연까지 하게 되었다. 유격훈련의 마지막 밤을 흥겹게 장식하는가 하면 위문열차라는 큰 무대에서 공연을 하는 영광을 누리기도 하였다.

동아리 활동뿐만 아니라 건전한 모임 활동도 장려해보자. 매주 수요일마다 동기 모임을 갖게 하는 것 또한 병영생활을 한층 더 즐겁게 만들어 준다. 동기 그룹을 편성하여 1~2개월 간격으로 모임을 갖게 해주면 편안한 분위기 속에서 자유로운 의사소통이 이루어진다. 동기 모임에서 나온 애로 및 건의사항을 적극적으로 수렴하여 조치하면 동기 모임이 더욱 활성화되어 동기간의 전우애가 신장될 뿐만 아니라 부대 내의 부조리도 많이 사라지는 효과도 거둘 수 있다. 이 때 지휘관이 관심을 가져야 할 점은 동기 모임 장소에는 선임병이 출입하지 못하게 통제함으로써 자유로운 모임 분위기가 보장되도록 해 주어야 한다는 것이다.

자율 동아리 활동을 통해 자신의 잠재된 능력을 키우고 동기 모임을 활성화하여 전우애를 키우도록 해보라. 분명히 병사들의 군 생활 만족도가 높아질 것이고, 또 각종 사고예방에도 큰 효과를 발휘할 것이다.

하루를 마감하는 시간도 특색 있게

하루를 마감하고 야간근무 체제로 전환하는 일석점호는 대단히 중요하다. 옛날에는 딱딱한 차렷자세로 대기만 하고 있다가 시간을 다 보내고 기합받는 식의 점호도 있었고, 또 한때는 인원만 확인하고 자유방임형으로 자유를 주는 시기도 있었다. 그러나 군인정신이 내무생활에서부터 싹튼다는 사실을 감안한다면 점호 시간의 활용을 어떻게 하는가는 대단히 중요하다. 즉, 군인정신을 함양하면서도 단결심과 내무생활다운 즐거움도 같이 배어 나오도록 하는 것이 중요하다.

그런데 이 분야도 상급부대 지침이 수시로 변동되는 경우도 있으니, 기본적으로 상급부대 지침을 준수하되, 추가적인 다양성을 살리는 것이 바람직하다. 이런 노력을 통해 군인다우면서도 인간적인 정이 넘치는, 그래서 하루 일과를 편안하고 즐거운 마음으로 마감하면서 내일을 꿈꾸게 만들어 주어야 한다.

편안한 취침과 새로운 다짐

병사들이 하루 일과 중에서 가장 기다리는 시간은 과연 언제일까? 아마도 식사시간과 취침시간일 것이다. 그 중에서도 취침시간에 손을 더 많이 들 것이다. 힘든 일과를 소화하느라 지친 몸을 침대에 누이면 심신의 피로가 스르르 풀린다. 또 잠자리에 누워 사랑하는 가족이나 애인 생각도 해보고, 자신의 미래에 대한 상상의 나래를 펴보기도 한다.

취침시간은 하루를 되돌아보고 내일의 새로운 다짐을 위한 편안하고 조용한 시간이 되어야 한다. 병사를 방송 당번으로 임명하여 취침시간에 사전에 수집한 신청곡과 사연을 음악과 함께 들려주도록 해보자. 일과 중 즐거웠거나 힘들었던 일, 부모 또는 친구의 편지, 생일이나 진급 축하, 전입신병 소개 등 다양한 이야기들이 잠자리를 미소로 채워줄 것이다.

배경음악은 조용하고 차분한 음악으로 선정하도록 한다. 때로는 일일 정훈교육이나 T/S Time (Thank and Sorry Time : 하루 중 고마움, 미안함, 잘못한 일 등을 일일명예 기자가 진중 방송을 통해 상호간 갈등을 해소하는 시간)의 내용이 포함된다면 더욱 유익한 취침시간이 될 것이다. 방송 당번에 임명된 병사는 마치 자기가 DJ가 된 듯한 기분을 느낄 것이고, 더욱 잘하기 위해 준비를 함으로써 생활의 활력소가 될 것이다.

편안한 휴식은 내일을 준비하는 재충전의 시간이다. 하루 동안 쌓인 심신의 피로를 풀고 활기 있는 내일을 준비하는 시간이 되도록 하자.

3

제도와 프로그램

장병들의 소원수리 - '지휘관 e-mail 제도'

장병 개개인의 고민과 고충을 해결하기 위하여 지휘관 e-mail 소원수리 제도를 시행하여 좋은 효과를 거두었다. 전입간부와 신병이 전입신고 시에 정신교육과 면담을 한 후에 지휘관의 e-mail과 전화번호를 부모님과 병사에게 주어 그들의 애로사항을 수렴할 수 있는 통로를 만들어 주었다. 이 e-mail 소원수리 제도는 애로사항에 대한 수렴뿐만 아니라 부대발전을 위한 의견 제시의 방법으로도 활용되었다. 접수내용은 즉각 확인하여 통보되도록 조치하여 지휘관이 언제나 관심 있게 지켜보고 있음을 부하들에게 인식시켜 주었다. 이를 통해 부대관리에 대한 참신한 의견을 많이 받았으며 또한 이를 적극적으로 조치함으로써 부대발전에도 기여한 바가 크다.

전 간부에게도 매월 사단장에게 편지를 쓰도록 하고, 주요 내용에 대해서는 답신을 주었다. 또한 예하 지휘관들에 대해서는 이 e-mail을 장병 고민 해소 방안을 교육하는 방법으로 활용하였다. 이러한 서신 왕래를 통해 사단장과 간부 및 예하 지휘관들 간에 허심탄회한 의사소통을 할 수 있는 통로를 마련하였고, 서로가 멀리 있지 않다는 것을 확인시켜 줌으로써 상호간 거리감을 줄일 수 있었다. 병사들이 분대장이나 병장으로 진급할 때에는 편지를 보내주어 격려하면서 이들의 권위를 인정해주고 자부심을 고취시켜 주었으며, 분대장과 병장은 사단장에게 답장을 하여 서로 가족 같은 분위기가 형성되도록 하였다.

이 e-mail 소원수리 제도는 각제대 지휘관과 장병 간의 의사소통을 활성화시키는 데 크게 도움이 되었다. 그리고 이 e-mail을 통해 교환한 내용들을 다시 정리하여 '열린 토론회'도 개최하였다.

쌓여 있는 응어리를 풀자 – 'T/S (Thank & Sorry) Time'

많은 사람들이 함께 생활하다 보면 서로 간에 좋은 일, 언짢은 일, 고마운 일, 미안한 일 등 여러 가지 일들이 생긴다. 나쁜 일들은 풀고 좋은 일들에 대해서는 고마움을 표시하고 넘어가는 것이 좋겠지만, 그때그때 그렇게 한다는 것이 그리 쉽지 않다. 그래서 쌓여 있는 응어리를 풀기 위한 시간인 'T/S(Thank & Sorry) Time'을 갖도록 하였다. 이 시간을 통하여 하루 중 서로에게 고 마음, 미안함, 잘못한 일 등을 표현하도록 하고 이를 진중방송을 이용하여 방송하도록 했다. 또한 부대원 모두가 이를 시청하게 함으로써 부대원 상호간에 생긴 갈등을 해소하는 방안으로 활용하였다.

가끔씩은 대대 게시판을 이용하여 홍보 및 준비 작업을 하고 의견함을 통해 일일 명예기자로 희망하는 인원을 선정하였다. 선정된 인원을 기자로 임명하고 제보내용을 임명된 일일 명예기자가 취재를 하게 하였다. 캠코더를 이용하여 셀프 카메라 형식으로 구성하고, 의견 제시자를 인터뷰하는 내용을 촬영하였다. 촬영한 내용을 진중 CA-TV를 이용하여 일일 명예기자가 방송으로 전파함으로써 서로가 직접 전하지 못한 말을 대신하여 소중한 사람에게 전해주도록 했다.

좋지 않은 감정과 오해가 쌓이면 응어리가 되고, 응어리가 많아지면 서로 간에 마음의 문이 닫히게 된다. T/S Time은 쌓여 있는 감정을 풀고 감사한 마음을 표현해 줌으로써 마음의 응어리를 풀어줄 뿐만 아니라, 부대원 상호 간에 존중과 배려의 문화 정착에도 크게 기여하였다.

오늘은 내가 부대의 주인-'KD (King for a day) 제도'

'KD(King for a day) 제도'란 병사 중에서 한 명을 일일 '왕'으로 선정하여 부대의 주인이 된 눈으로 부대 운영에 참여하도록 한 다음 일일결산 시에 소감과 의견을 제시하는 제도이다. 지휘관이 일일 왕을 선정하면 선발된 인원에게는 기본 교육훈련 이외의 다른 임무는 부과하지 않는다. 본인이 원래 담당하고 있는 기본임무를 수행하는 시간 이외의 시간에는 지휘관의 입장이 되어 순찰을 도는 등 주인의식을 가지고 여러 가지 확인하는 활동을 한다.

활동 후에는 소감과 의견을 결산 시간에 발표하게 했다. 간부들은 일일 왕이 관찰한 애로사항이나 건의사항에 대해 조치할 내용을 토의함으로써 일일 왕의 노력이 헛된 것이 되지 않도록 한다. 때에 따라서는 일일 명예기자가 일일 왕을 인터뷰하여 T/S Time 시간에 방송을 함으로써 그가 느낀 점을 장병들이 공유할 수 있도록 하였다. 이렇게 하루 동안 병사가 지휘관의 위치에 서서 생활해 보면 지휘관의 입장을 더욱 잘 이해할 수 있게 된다.

설문조사를 한 결과를 보면 이 제도를 통하여 지휘관의 관점에 서서 보니 초급간부나 병사의 입장에서만 생각할 때보다 새롭고 많은 것을 느낄 수 있었고 매우 소중한 경험이었다는 응답이 많았다. 이 제도를 통하여 장병 상호간에 의사소통이 활성화되고 그에 따라 잘못된 관행과 악·폐습이 척결되는 계기가 마련되는 좋은 성과가 있었다.

주관적 징계요인을 보완한 '병 변호제도'

병 징계위원회를 개최할 때 간부가 일방적이고 주관적으로 판단하는 것을 차단하고, 장병 기본권을 보장해주기 위해서 동료병사(또는 분대장) 변호제도를 시행하였다. 병사의 생활은 분대단위로 이루어지기 때문에 분대원에 대해서는 분대장이나 동료 병사가 어느 누구보다 가장 잘 알고 있다. 평소 내무생활과 훈련, 작업, 체육 활동 등에서 관찰하고 파악한 징계 대상 병사의 모습을 동료 병사가 가감 없이 발언하도록 하는 기회를 부여하는 것이다.

징계를 받은 병사들은 자신이 받은 처분에 대해 70~80%가 수긍을 하지 않는다. 이렇게 수긍하지 않는 주요 이유 중의 하나는 처벌을 준 간부에 대해 오해를 하고 불신감을 갖고 있기 때문이다. 그 결과 자신이 한 잘못된 행동에 대해 반성하고 뉘우치기보다는 간부를 원망하는 경우가 많다. 그러므로 징계위원회를 개최할 때 징계 대상 병사가 최후 변론을 하기 전에 동료 병사를 참석시켜 그 병사의 평소 복무자세와 사고가 발생하게 된 원인 등을 허심탄회하게 발표하여 정상 참작의 기회가 제공되도록 발언권을 부여했다. 이는 병사와 간부 사이에 발생할 수 있는 오해와 불신감을 상당히 많이 해소시킬 수 있다. 동료 병사는 평소 생활을 통해 그 병사의 장점은 물론, 그가 고쳐야 할 점들에 대해서도 잘 알고 있기 때문에 동료 병사의 발언 내용은 간부들이 공정한 결론을 내리는 데 좋은 참고자료가 된다.

징계위원회에서 동료 병사의 의견이 충분히 피력된 가운데 판결이 내려지면 징계 대상 병사는 그 결과를 수긍하고 자발적으로 자신에 대해 반성하는 시간을 갖게 된다.

선임병의 기득권과 보상심리를 제거하자

병사들은 이등병부터 상병까지 힘들게 생활하여 병장 계급에 오르게 되면 지금까지 고생한 것에 대해 보상을 받고 싶어 한다. 그래서 청소나 작업을 할 때 게으름을 피우거나 후임병에게 일을 미루고 자신은 최대한 편하게 지내려고 하는 모습을 보인다. 또 사람은 윗사람에 대해 욕을 하면서 배운다고 한다. 하급자 시절에는 상급자가 비합리적으로 하급자를 괴롭히는 것을 보면서 상급자에 대해 비난과 불평을 하지만, 막상 자신이 상급자가 되면 예전에 상급자가 하던 악습을 똑같이 되풀이한다. 이것은 기득권 활용과 보상 심리가 작용하기 때문이라고 보는데, 이러한 선임병의 기득권과 보상심리를 제거하지 않으면 잘못된 관행과 악·폐습이 대물림되고, 따라서 존중과 배려의 선진 병영문화 창조는 달성하기 어렵다.

선임병의 기득권과 보상심리를 제거하기 위한 한 방법으로 서신 보내기 방법을 활용하였다. 사단장은 병장에게, 연대장은 상병에게, 대대장은 일병에게, 분대장은 이등병의 부모에게 서신을 발송하였다. 서신을 통하여 선임병의 기득권 유지 심리와 보상심리라는 것의 불합리함과 부정적 영향에 대해 납득이 가도록 설명하고, 이러한 잘못된 관행과 악·폐습을 척결하는 데 선임병으로서 솔선수범해 줄 것을 당부하였다.

병영 환경의 변화와 망각주기를 고려하여 이 문제를 이해시키고 설득하는 교육을 지속적으로 반복 시행하였다. 신임 분대장에 대해서는 사단장이 직접 워크숍을 주관하여 분대장으로서의 역할과 책임을 강조하고 구체적으로 해야 할 행동을 교육함으로써 새로운 문화 창조에 솔선수범하도록 하였다. 연대장과 대대장은 기존의 분대장을 대상으로 하는 워크숍을 주관하여 반복 교육을 함으로써 분대장들을 지속적으로 이해시키고 설득하였다. 워크숍을 통해 교육된 내용이 실제로 이행되는지 확인하기 위하여 부사관단으로 하여금 현장 위주로 확인 점검과 지도를 하도록 하였다.

이러한 내용을 지속적으로 방송하고 홍보함으로써 부대원 전체가 공감대를 형성하도록 하는데 많은 노력을 기울였다. 기득권과 보상심리를 제거하여 잘못된 관행과 악·폐습이 척결될 때 희생·존중·배려의 선진 병영문화가 조성될 것이라고 확신한다.

하부조직을 잘 키우고 활용하라 - '분대장 워크숍'

부대를 신경세포 조직에 비유한다면 분대는 신체의 가장 말단에서 작용하고 있는 말초신경이다. 중추기관인 뇌에서 의사결정을 하여 이를 하달하면, 그에 맞추어 최종적으로 말초신경이 잘 작동해야 신체는 비로소 요구에 맞는 활동을 하게 된다. 군 조직에서도 사격을 하고, 각개 전투를 하고, 진지를 구축하고, 운전을 하는 등의 행동적인 활동이 시작되고 끝나는 가장 기본 단위가 분대이다. 분대는 행동 조직이다. 행동 조직이 상부의 명령과 지시에 따라 충실하게 작동할 때 모든 작전은 성공할 수 있다. 그런 면에서 최말단 단위 조직의 장인 분대장을 잘 육성하고 활용하는 것이 중요하다.

분대장을 교육하는 한 가지 효과적인 방법이 '분대장 워크숍'이다. 이 워크숍은 부대관리의 문제점과 대책을 강구하고, 단결과 발전을 도모하는 데 매우 효과적인 기제이다. 워크숍의 시기는 대대장은 월 1회, 연대장은 분기 1회 정도 하는 것이 적절하다.

워크숍은 분임조를 편성하여 조장 주관 하에 토의를 하는 방식으로 진행한다. 처음 시행할 때는 병사들이 토의를 많이 해보지 않아 어색한 분위기가 있었지만, 시간이 지나면서 병사들의 참여도가 높아졌다. 토의 주제는 교육훈련과 전투준비태세 향상을 위한 것과 병영 저변의 실상을 파악할 수 있는 내용들이었다. 분대장이 문제라고 생각하는 요인들을 식별하고, 병영 내의 악·폐습을 근원적으로 척결하기 위한 시도들의 성공과 실패 사례를 발표하게 하여 각자의 경험을 서로 공유하게 하였다. 그래서 이 워크숍은 문제점 도출뿐만 아니라 해소방법도 서로 토의하고 교육하는 장의 역할도 한다. 분대장들이 스스로 문제점을 찾아내고 이를 해결하는 방법을 강구하다 보니 분대장들이 자연스럽게 분대의 전투력 향상과 병영 악·폐습의 척결에 선봉이 되어 솔선수범하는 모습을 보이게 된다.

모범 분대장 · 선임병 성공사례 발표회

사람은 간접경험을 통해서 많은 것을 배운다. 다른 사람의 성공 경험은 좋은 모델이 된다. 군 생활을 먼저 거친 모범 분대장이나 선임병의 성공사례 발표를 통해 후임병의 군 생활 적응력을 강화하고 시행착오를 최소화할 수 있다. 성공사례 중에는 이등병 때 동작이 느려서 관심병사로 관리되어 오다가 현재는 분대장으로 선발되어 임무를 수행하는 병사도 있었다.

성공사례 발표자는 후임병을 대상으로 한 설문조사와 다면평가에서 우수자로 선정된 선임병과 예비 분대장으로서의 역할 수행이 가능한 선임병으로 선발하였다. 성공사례 발표 시기는 대대장은 월 1회, 연대장과 사단장은 반기 1회의 주기로 하는 것이 적절하다.

발표내용은 모범 분대장과 선임병은 주로 스스로 변화된 모습을 보임으로써 후임병을 감화시킨 사례, 상호 인정과 배려, 칭찬과 존중을 실천한 사례 등을 주제로 발표하도록 하였다. 일등병과 이등병은 선임병의 솔선수범과 본받을 만한 리더십의 발휘로 병영이 어떻게 달라졌는지 등에 대해 발표하도록 하였다. 선임병 또는 후임병으로서 자신이 직접 경험한 성공사례들을 발표하고 듣는 시간을 가짐으로써 선후임병 간에 활발한 의사소통이 이루어지는 시간이 되었다.

자율과 창의로 임무를 완수하라 – '임무형 지휘 구현'

임무형 지휘는 권한 위임을 통해 예하 지휘관의 결심과 행동의 독자성을 보장해 줌으로써 보다 적극적이고 능동적으로 임무를 완수할 수 있도록 하자는 지휘 개념이다. 우리 군에서는 통상 상급자가 명령을 하달할 때 목표와 임무만 제시하고 그 임무 수행에 필요한 방법이나 수단에 대해서는 하급자에게 위임하는 것을 임무형 지휘라고 지칭한다.

임무형 지휘 방법이 잘 구현되면 전시와 평시를 막론한 다양한 상황에서 주어진 임무를 창의적으로 완수하는 간부 능력 및 부대 대응능력이 구비된다. 임무형 지휘 구현에 관한 시범식 교육을 통해 독자적으로 판단하고 대처할 수 있는 간부 능력을 계발할 수 있다. 이러한 교육은 부대관리, 교육훈련, 전투임무수행의 각 분야별로, 그리고 중대에서 사단에 이르기까지 각 제대별로 그 구현 방법을 구체화하여 추상적인 교육이 아닌 구체적이고 즉각 적용이 가능한 교육이 되도록 해야 한다.

임무형 명령에 포함할 사항은 부대활동을 고려하여 염출하여야 한다. 예로서 일일 단위에서 반기 및 연간 단위의 임무형 명령을 염출하였는데 그 결과 81개가 나왔다. 이렇게 도출된 임무형 명령들을 활용하게 해 본 결과 초급간부의 지휘수준 향상에 많은 도움이 되었다.

이 밖에도 지속적으로 개인의 능력을 개발하도록 하고, 정보공유절차를 구축하며, 제반 규정과 제도를 임무형 지휘 구현에 도움이 되도록 체계화하였다. 임무완수는 일사불란하게 이루어지도록 하되, 그 수행방법은 자율적이고 창의적으로 하도록 하고 결과에 대해서는 책임지도록 하는 것이 임무형 지휘의 핵심이다.

과학화된 예비군 훈련 – '서바이벌 시범식 교육'

예비군은 교육훈련에 대한 참여 의지가 소극적이기 때문에 교육훈련에 적극적으로 참여하도록 하는 방법을 찾는 데 고심을 많이 해야 한다. 즉, 미래 전장에 부합되고 예비군의 흥미를 유발할 수 있도록 실전감 있는 예비군 교육훈련 기법을 개발하여 적용해야 한다. 서바이벌 시범식 교육이 바로 그 중의 한 가지 방법이다. 서바이벌 장비를 사용하는 훈련은 민간인들이 쉽게 접할 수 있고 흥미를 배가시킬 수 있는 방법이다. 서바이벌식 훈련에 참여한 사람들은 모의탄에 맞지 않기 위해서 포복할 때는 더 낮게 엎드리고, 약진할 때는 더 빨리 움직이게 된다. 일산이나 경기도 일부 지역에는 민간인 서바이벌 동호회나 게임장이 마련되어 있다.

서바이벌 훈련이 더욱 효과적인 훈련이 되도록 하기 위해서는 장비에 관한 자료를 수집하고 계획을 발전시켜야 한다. 또한 모형과 장애물을 설치하여 실전적인 훈련 환경을 조성하여야 한다.

서바이벌 훈련의 장점은 실제로 모의탄이 발사되기 때문에 예비군을 공격과 방어의 두 팀으로 편성하여 훈련하면 그들을 더욱 민첩하고 적극적으로 움직이게 한다는 장점이 있다. 기존의 훈련 방법이 예비군들의 전투력 퇴행 시간을 연장하는 정도의 효과를 갖는 것이었다면, 서바이벌 훈련은 예비군들이 훈련 자체를 즐기고 자발적으로 관심을 가지게 만듦으로써 현역 복무 시절의 전투력으로 복원하게 만드는 훈련 방법이다.

예비군 훈련이 하기 싫은 훈련, 시간 때우기 식의 훈련이 아닌 훈련다운 훈련, 예비군들이 흥미를 느끼고 보람을 느끼는 훈련이 되도록 지휘관의 다각적인 아이디어 개발과 노력이 필요하다.

명사들의 노하우를 배우자 - '명사 초빙강연'

장병의 대적관 확립과 올바른 인성 함양, 그리고 올바른 병영문화 조성을 위하여 사회 각 분야의 명사를 초빙하여 강연을 듣게 하는 것이 매우 효과적이다. 안보관 교육은 중대장이 매일 실시하고 있고, 정신교육의 날 행사가 매주 시행된다. 하지만 사회 각계의 명사들에 의한 초빙강연은 부대에서 실시하는 정신교육에서는 듣기 어려운 다양한 분야의 특별한 내용들이므로 병사들에게 흥미도 있고, 그들의 교양을 넓히는 데 큰 도움을 준다.

이런 취지에서 매월 한 번씩 각 분야별 전문가를 초빙하여 부대원을 대상으로 강연을 듣도록 하였다. 안보관과 대적관에 대해서는 전 국방부 장관님을 비롯하여 여러 분을 모셨고, 인성 함양과 충·효·예에 관한 강연에는 전문 교수님을 모셨으며, 병영문화와 정서 함양을 위한 강연에서는 '칼의 노래'의 저자로 유명한 김훈 작가를 모셨다. 각 분야에서 명성이 높은 전문가들을 초빙하여 수준 높은 내용의 강연을 듣도록 함으로써 장병들의 교양 증진과 정신전력 강화에 큰 성과를 거두었다. 강연에 참석하지 못한 장병들을 위해서는 초청 인사의 교육내용을 VTR로 촬영하여 전파하였다.

여기에 추가하자면, 육군사관학교장을 하면서 국내 · 외의 각 분야에서 성공한 저명인사들에게 일일이 편지를 보내서 자신들의 인생철학과 신념을 대변해 주는 문구와 간략한 해설을 써서 보내주길 간청하여 215명의 각계 명사들의 글을 받아서 「사관생도들을 위한 명사들의 명언」 책자를 발행하였더니 모든 생도가 215명과 직접 접촉해서 교훈을 듣는 것과 유사한 성과를 거두었다.

> 부귀와 명예는 그것을 어떻게 얻었느냐가 문제이다. 도덕에 근거를 두고 얻은 부귀와 명예라면 산골에 피는 꽃과 같다. 즉, 충분히 햇빛과 바람을 받고 필 수 있는 것이다.
>
> – 나폴레옹 –

신뢰와 전우애

한번 맺어진 고리는 끝까지 - '평생 전우회 결성'

군 생활을 하면서 우리는 정말로 많은 사람을 만나고 헤어진다. 이러한 만남들을 소중하게 여기고 잘 간직하면 평생의 좋은 인연이 맺어진다. 그러한 좋은 인연이 지속될 수 있도록 군 생활의 보람과 기쁨, 추억을 간직할 수 있는 가족 같은 평생 전우회를 결성하게 해보자.

소대, 중대, 대대 단위로 책임자를 임명한 후 평생 전우회를 결성하도록 하였다. 회원명부를 작성하여 개인별로 휴대하도록 하고 이 명부를 생활관에도 비치하였다. 평생 전우회 명부를 생활관에 비치해 놓음으로써 내무반의 전우가 군 생활 동안만 만나는 것이 아니라 전역 이후에도 계속 좋은 인연으로 이어질 것임을 상기시켜 주는 것이다. 명부에는 소속, 성명, 입대일, 전역예

정일, 전화번호, 집주소, 생년월일 등을 기록하였다. 평생 전우회가 결성됨으로써 선임병은 후임병을 친동생처럼, 후임병은 선임병을 친형처럼 생각하게 만들었고, 이처럼 새로운 가족이 형성됨으로써 사고예방에도 좋은 효과를 보였다.

인터넷에 전우회 홈페이지를 개설하여 운용하였다. 홈페이지에는 전우회 운영에 관한 각종 내용을 게시하였다. 인터넷을 만남과 연락의 장으로 활용함으로써 한번 전우는 영원한 전우라는 말을 실천할 수 있는 환경을 만들어주었다. 평생전우회 결성의 산물로서 전역자 취업 알선, 부대 소식 공유 및 수시 부대위문 등과 같은 수범 사례를 볼 수 있었다. 사실 장교 간에도 평생 전우회가 필요한 것이다. 같이 근무할 때 인간전인 정으로 굳게 뭉치고, 헤어져서는 다시 같이 근무하고 싶어하며, 전역 후에는 영원한 동료로서 서로 만나고 싶어하는 관계가 형성되어야 한다.

여기가 제2의 고향 - '전역병사 초청행사'

해마다 많은 병사들이 전역을 한다. 그들은 군에서 전투원이 되기 위해 필요한 총검술, 사격, 태권도, 각개전투, 유격 등 많은 전투기술을 익혔다. 그러나 그들이 배운 것은 그것만이 아니었다. 체력이 증진되었고, 무엇보다 인내심을 배웠으며, 동료들과 협조하고 상관에게는 복종하며, 하급자를 이끌어 나가는 대인관계 능력도 배웠다. 그래서 입대할 때는 손해 본다는 생각뿐이었지만 전역을 하면서 그들의 군 생활이 결코 인생에서 낭비한 시간이라고 생각하지 않게 된다. 그래서 전역한 병사들이 나중에는 일반시민으로서 든든한 군의 후원자가 되고, 부모가 되었을 때 자식을 군에 보내는 것을 자랑스럽게 생각하게 된다. 이렇게 자랑스럽게 군 생활을 한 전역자에게 자신이 복무했던 부대를 다시 한 번 방문하여 자신이 복무했던 군 생활의 애환과 보람을 회상해 보게 하고, 또 달라진 부대의 모습을 보여주는 시간을 마련하였다.

제대별로 모범적으로 군 생활을 했던 전역자를 초청하여 강연을 하도록 하였다. 격오지 부대는 월단위로, 내륙대대는 분기단위로 초청강연을 하였다. 이들은 자신이 군 생활을 하면서 경험했던 보람, 시행착오, 성공과 실패 사례, 전역 후 달라진 자신의 모습 등을 소개함으로써 병사들이 롤 모델로 삼을 수 있도록 하였다. 평소 간부들이 하는 교육보다 훨씬 더 편안한 분위기에서 얘기가 진행되고, 자신들의 미래 모습으로 생각되기 때문에 관심을 갖고 더욱 집중하는 모습을 볼 수 있었다.

전역병사와의 유대관계가 지속되도록 노력을 기울였다. 평생 전우 만들기 모임을 활성화하고, 서신 교환, 축전 보내기, 휴가 시 만남의 시간을 갖는 것 등을 장려하였다. 부대창설 기념일, 국군의 날, 체육대회 등 행사가 있을 때는 전역병사를 부대로 초청하여 행사에 동참하도록 하였다. 전역병사와의 유대관계를 지속하고 강화하는 것은 그 자체가 부대뿐만 아니라 군을 홍보하는 효과를 가져 온다.

추억 · 희망 · 목표를 담자 - '타임캡슐 및 만남의 날 결의'

타임캡슐이란 후세에 남길 자료를 넣어 보관하기 위한 용기를 말한다. 피라미드나 고대 왕의 분묘(墳墓)가 수천 년 전의 문화를 오늘날에 전하는 역할을 한 것처럼 현대의 문명과 생활상을 미래에 전하기 위해 보존할 목적으로 고안된 것이다. 최초의 타임캡슐은 1939년 뉴욕 만국박람회 때 웨스팅하우스 일렉트릭이 출품한 길이 2.3m, 굵기 15cm의 어뢰형(魚雷形) 통 모양의 것으로, 150m의 지하에 묻었다. 통은 '큐펄로이'라고 하여 부식에 견딜 수 있도록 강철, 크롬, 은의 특수합금으로 만든 것이었다

타임캡슐을 만들게 하면 사람은 자신의 소중한 목표와 다짐, 기억들의 성취 여부와 진행과정을 되새기게 하여 진취적인 행동과 도전의식을 함양하게 만든다. 필자의 사단에서는 단기 타임캡슐과 장기 타임캡슐의 두 가지 유형의 타임캡슐을 만들게 하였다. 단기 타임캡슐은 각 개인이 만드는 것으로 자대 전입신고 후 내용을 작성한다. 이 타임캡슐에 담을 내용은 앞으로의 군 복무에 대한 다짐과 결의, 계급별 목표 등이다. 이 내용은 한 계급씩 진급할 때마다 개봉하여 그 내용을 수정하고 보완하게 한다. 이 내용은 모두 병영생활지도 기록부에 기록하여 보존하게 했다.

장기 타임캡슐은 부대가 만드는 것이다. 각 제대별로 의미 있는 기념일에 이것을 작성한다. 여기에는 인생 목표와 비전, 나의 모습(자화상), 국가와 사회에의 기여도 등의 내용을 담는다. 5년 단위로 약정일자에 개봉하여 재작성한다. 이 내용들은 항아리나

유리병에 보관하여 눈에 띄는 곳에 비치한다. 이러한 타임캡슐은 현 계급의 목표를 설정하고 미래에 대한 희망을 가지게 하는 데 좋은 효과를 보였다.

국민에게 신뢰를 준 '개선된 신병 교육대 부대개방 행사'

'개선된 신병교육대 부대개방 행사'는 자식을 군에 보낸 부모의 걱정과 근심을 해소해 주기 위하여 마련한 것이었다. 이 행사는 부모의 걱정과 근심을 해소해 줄 뿐만 아니라 군의 변화된 모습을 보여 줌으로써 군을 이해하고 사랑하는 홍보대사 역할도 톡톡히 하였다. 입대 장병을 안심하고 맡길 수 있도록 신병 훈련과정을 소개함으로써 내 자식, 친동생처럼 잘 돌보고 있다는 인식을 심어주었다.

매 기수마다 가족을 동반한 가운데 지휘관과 간담회를 가졌다. 가족들이 들어오는 시간에 맞추어 군악대가 연주를 하여 가족들과 병사들의 기분을 고양시켰다. 가장 인기가 있었던 프로그램은 군용물품 소개와 방금 헤어져서 입소한 신병들이 군복으로 갈아입고 도열하고 있는 곳으로 가족들이 가서 만나는 시간이었다. 신병의 부친들은 과거 자신이 군 생활을 할 때보다 훨씬 나아신 배낭과 전투화 등을 보고 흐뭇해하는 모습을 보였고, 금새 늠름한 군복을 입은 모습에 거수경례를 하는 아들을 만나 보고는 눈시울을 붉히면서 대견스러워 했다.

간담회 때 지휘관은 신병교육 체계 및 내용에 대해서 설명해 주고 가족들의 질문에 대해 답변을 해 주었다. 또한 가장 최근에 신병교육을 수료한 병사 중에서 모범병사를 선발하여 가족들에게 소감을 발표하는 시간도 가졌다. 개선된 신병 교육대 부대개방 행사는 군에 대한 신뢰를 증진시키고 안보 공감대를 형성하는 데 큰 기여를 하였다고 본다.

사랑과 정을 나누는 '따뜻한 마음 전하기 운동'

사랑과 정은 나눌수록 커진다고 한다. 지역사회의 어려운 이웃과 참전용사, 부대 전우들을 위한 사랑의 온정 나누기 운동을 시행하였다. 시기별로 '따뜻한 마음 전하기 운동' 계획을 체계적으로 수립하여 이를 시행하였다.

먼저, 연초 시무식과 동시에 사단장부터 전 장병이 참가하여 약 1주일 간에 걸친 사랑의 헌혈 릴레이 행사를 시작하였다. 또한 1대 1 후견인 제도를 참모부와 직할부대별로 시행하여 지역 내 어려운 가정의 청소년, 독거노인과 6·25 참전용사를 방문하거나 위문하였다. 이뿐만 아니라 봉사활동을 전개하여 따뜻한 관심과 정성을 전하였다. 사단은 이 운동을 실천하기 위해서 지역 관공서와 협조해 독거노인 9세대와 소년소녀 가장 6세대, 참전용사 22세대, 특별전우 42세대를 선정하여 위문과 봉사활동을 지속적으로 실시하였다.

여름철의 태풍이나 겨울철의 폭설로 인하여 재해를 입은 전우도 도와주었다. 어려울 때 함께하는 전우애를 실천한다는 차원에서 재난 장병과 가족에게 성금을 전달하였다. 화재로 가옥이 전소된 병사의 집을 방문하여 피해현황을 파악하고, 유관기관의 협조를 얻어 거주할 장소를 마련해 주는 한편, 장병들이 십시일반의 성금을 모아 전달하기도 하였다. 자연 재해뿐만 아니라 부모의 이혼 또는 사망으로 경제적인 어려움을 겪는 전우에게도 도움의 손길을 주었다. 일회성의 시혜가 아닌 지속적인 온정의 나눔이 되도록 하기 위해서 위문활동을 매월 1회씩 정기적으로 전개하였다.

가족의 정이 그리운 결손 병사는 부대 간부와 자매결연을 맺어 주어 부모의 정을 느끼고 가정과 같은 병영생활이 되도록 해주었다. 간부를 부모처럼 여기고 생활관의 전우를 형제처럼 생각하도록 여건을 조성하여 병영을 내 집과 같이 생각하게 만들기 위하여 노력하였다.

이러한 활동을 통하여 사단은 지역주민과 애환을 함께하는 부대상을 정립하게 되었다. 또한 지역주민과의 유대가 강화되고 대군 신뢰도도 증진하였다. 군에 대해 갖고 있는 막연한 부정적 인식이 국민을 위한 군대라는 긍정적 인식으로 전환하는 성과를 거두었다고 본다.

겉보다 속을 살펴보자 - '전입간부 병 체험'

전입간부와 초임장교들로 하여금 병 체험을 하여 병사들의 고충과 애로사항을 확인하고 부대의 실상을 이해함으로써 피부로 느끼는 지휘통솔 경험을 축척할 수 있도록 하였다. 이러한 프로그램을 시행하는 목적은 지휘를 하는 입장이 되기 전에 먼저 지휘를 받는 병사의 입장을 충분히 이해함으로써 올바른 지휘통솔을 할 수 있도록 하기 위한 것이었다.

실질적인 병 체험이 되도록 신분을 숨기고 병 복장을 착용하게 한 다음 병 생활을 체험하도록 하였다. 그러나 이것은 간부들의 동의를 받아서 시행해야 할 사항이다. 왜냐하면 장교 계급장이 아닌 이등병의 계급장을 달고 며칠간 생활해 보는 파격적인 일이기 때문이다. 부대에 전입한 간부들에게 먼저 소집교육을 하여 기능별 업무와 경계작전, 사고사례 등에 관한 기본소양을 습득하도록 하였다. 그런 다음에 신교대, 소초나 R/S와 같은 해안 격오지에 배치하여 병사와 동일한 생활을 하도록 하였다.

머리도 병사처럼 보이게 하기 위해서 아주 짧은 스포츠형으로 깎았다. 이들은 모든 교육훈련과 생활 과정에서 솔선수범하여 열심히 하였기 때문에 나중에 병사들이 간부임을 알고 놀란 경우도 많았다. 이 뿐만 아니라 다음에 언제 또 간부가 그런 식으로 내무반에서 같이 생활할지도 모르기 때문에 내무반 부조리가 점차 사라져가는 부가적인 효과도 있었다. 전입간부들은 이 병 체험을 통하여 병사들이 훈련과 내무생활에서 겪는 애로사항이 무엇인지를 생생하게 파악할 수가 있었다.

체험 후에는 이러한 경험을 소감문으로 작성하여 부대관리를 위한 기초자료로 활용하도록 하였다. 이러한 병 체험 프로그램은 부대관리 기법을 한층 향상시킨 것으로 평가된다.

기본을 잘 지키자 – '존중과 배려의 경례 · 답례 잘하기'

병사들이 간부에게 경례를 하는데 답례를 제대로 하지 않고 지나치는 간부들이 있다. 경례와 답례를 잘하는 것은 멋진 군인이 되기 위한 첫걸음이다. 이것은 또한 존중과 배려의 기본이기도 하다. 따라서 부대원 모두가 경례와 답례를 잘하게 될 때 기본과 질서가 서고 존중과 배려의 마음이 가득한 병영이 조성된다.

군 기본자세는 제대별로 교육하였다. 신병의 군 생활이 시작되는 신병교육대대에서는 이를 정과시간에 반영하여 교육하였다. 교육은 군 기본자세의 목적과 중요성을 설명하고 유형별, 상황별 요령 등을 숙지시키는 데 집중하였다.

해안소초, R/S, 격오지 부대의 경우 임무의 특성 상 가용시간이 상대적으로 부족하다. 따라서 행동화 및 생활화 교육을 점호 전후와 각종 집합 시에 실시하도록 하였다. 이에 비해 상대적으로 교육시간이 충분한 독립중대와 대대급에서는 이를 정과교육에 반영하여 시행하였다.

기본적으로 경례와 답례를 잘하는 것도 중요하지만 이 때 마음을 나누는 것도 중요하다. 따라서 경례와 답례를 할 때 인사말 나누기도 함께 추진하였다. 인사말 나누기를 통해서 상호간 관심을 보여주고 따뜻한 마음을 서로 나누도록 하는 것이다. 시간과 장소를 고려하여 인사말 나누기를 장려하였는데 인사말의 내용은 개인 의사를 존중하여 통제하지는 않았다. 예를 들면 아침에는 '충성! 좋은 아침입니다!', '좋은 하루 되십시오!' 등 부대에 따라서 여러 가지를 구상해 볼 수 있다. 이로 인하여 상하급자 간에 인간적 친밀감이 형성되고 상호 존중하며 배려하는 마음이 함양되었다.

군 기본자세 교육이 일회성으로 끝나지 않고 지속되도록 하기 위하여 사단 및 연대, 대대 책임지역에 대한 군기순찰을 주 1회 실시하였다. 군기순찰을 통해 발견된 미흡한 부분에 대해서는 보완하도록 하고 미담 사례에 대해서는 포상을 실시하였다.

오직 열중하라, 그러면 마음도 달아오를 것이요.
시작하라, 그러면 그 일은 완성될 것이다.

– L. 조오지 –

5

지역사랑 나라사랑

변화하는 작전환경에 대비하자 - '선상 합동토의'

군 작전환경이 변화하고 있다. 이제는 바야흐로 육·해·공군 간의 작전 경계가 모호해지고 삼군 합동성의 중요성이 강조되고 있다. 방위작전은 군에서만 실시한다는 말도 옛말이 되었다. 말하자면 방위작전은 더 이상 군만의 역할이 아니며 민·관·군 방위체제의 통합과 공조가 잘 이루어져야만 성공할 수 있는 상황으로 변화된 것이다. 따라서 군은 민·관·군 통합작전을 수행할 때의 지휘관계를 재정립하고, 예상되는 문제점을 도출하여 그 해결책을 마련해야 한다.

이러한 해결책의 일환으로서 해상 작전과 해안선 작전을 실시할 경우에는 육·해·공군 및 유관기관과의 긴밀한 협조체제 구축에 중점을 두어 상호 합동훈련 및 지원, 방문 및 토의, 해안경계 합의각서 및 협정서 체결 등의 다각적인 노력을 경주하였다. 합동성 강화를 상징적으로 보여주기 위하여 유관기관의 최고 책임자들이 한자리에 모여 유기적인 협조를 다짐하고자 해군 함상에서 회의를 하는 '선상 합동토의'를 갖기도 하였다. 이 기관들이 협조가 잘되고 즉각적인 연락체계가 갖추어져 있어야 전체적인 협조와 합동작전이 가능하기 때문이다.

또한 작전 형태 및 사례별로 긴밀한 상호 협조체계를 구축하여 통합작전 수행체계를 구체화하였다. 이러한 노력을 통해 민·관·군·경의 완벽한 통합방위태세를 확립하여 변화하는 작전환경에 적시적절하게 대비하도록 하였다.

유관 기관장과 공동운명체인 '충우회' 결성

앞서 말한 군과 유관 기관과의 긴밀한 협조체계 구축의 일환으로 적의 침투와 테러, 밀입국 등의 첩보가 있을 때 상호 즉각적으로 연락을 취할 수 있는 시스템을 구성하기 위해 유관 기관장들과 '충우회(忠友會)'라는 협의체를 결성하였다. 여기에는 육군, 해군, 공군, 국정원, 기무부대, 경찰청, 해경 등을 포함하여 총 12개의 기관장이 참여하였다.

유관 기관들 간의 보다 즉각적이고 확실한 정보 공유와 연락이 가능한 체계를 구축하기 위해 여러 가지 방안을 강구하였다. 일일 24시간 소통이 가능하도록 기관장은 상시 비상연락수단(휴대폰)을 휴대하도록 하고, 최고 직위자들의 연락망을 통합하여

인적 네트워크를 구성하였다. 이것은 각 기관별로는 첨단경계제대로부터 최상급 지휘관까지 상황보고가 잘되고 있지만, 인접기관과 부대에는 전파가 잘 안되고 있는 현실적인 문제점을 최상위 직위자들까지 상시 직접통보가 가능토록 만들기 위함이었다. 이것이 정립되고 나니 모든 첩보가 신속하게 전파되고 공유할 수 있게 되었다.

또한 5개항으로 된 '해안 감시 강화 결의문'을 채택하였는데, 그 내용은 기관별로 순환 주최하는 격월제 정례모임, 정보공유의 활성화, 통합방위지휘소 운용 활성화, 교류방문 활성화, 합동훈련 내실화 등이었다.

힘을 모으자 -'통합방위 시범식 교육'

'백짓장도 맞들면 낫다.'라는 속담이 있다. 무슨 일을 하든지 혼자 하는 것보다는 둘이 힘을 합칠 때 더 쉽게 해낼 수 있다는 뜻이다. 이 간단한 협동의 원리를 군 방위 시스템에 적용한 것이 바로 통합방위체계이다. 민·관·군·경의 유기적인 협조체제를 구축하는 첫걸음으로 실시한 것이 바로 통합방위 시범식 교육이다.

통합방위 시범식 교육은 유관기관과의 유기적인 협조체제를 통해 효과적인 민·관·군·경의 통합방위대세를 확립하고자 하는 목적으로 시행된 것이다.

교육의 중점사항으로는 두 가지를 설정하였다. 첫 번째는 각종 긴급사태에 대한 조치능력을 향상시켜 효과적인 대비태세를 확립하는 것이다. 구체적으로는 군, 지자체, 경찰, 그리고 각 유관 기관의 유기적인 지원과 협조 아래 지자체장 중심의 상황조치능력을 강화하도록 하는 것이다. 여기서는 각 기관의 임무와 역할, 책임관계를 정립하는 것이 중요한 사항이다. 두 번째 중점은 통합방위 종합상황실을 설치하여 정보공유체계 및 통신망을 구축하고 이를 운용하는 능력을 구비하도록 하는 것이다.

이렇게 시행된 통합방위 시범식 교육은 지자체장 중심의 통합방위태세 확립에 지대한 역할을 하였다. 전국의 각 시장 및 도지사와 통합방위관련 실무자들이 참석하고 비상기획위원장이 참석한 이 시범식 교육은 이후에 전국적으로 확산되는 성과가 있었다.

지금은 총력안보태세 – '통합방위예규 합동 서명식'

기존의 전시대비 안보대책에는 각 기관별로 차이가 있어 민·관·군·경이 통합방위작전을 할 때는 여러 번의 협조단계를 거쳐야 하는 등 비효율적인 부분이 많았다. 따라서 그 개선의 필요성이 꾸준히 제기되어 왔다. 총력안보태세의 시대인 지금에서는 이러한 문제의 해소가 더더욱 시급하다고 하겠다.

총력안보태세 확립을 위해 군의 작전계획과 지방자치단체의 충무계획, 경찰작전계획을 통합하는 '통합방위예규 합동 서명식'을 가졌다. 이 서명식에서 새로운 통합방위계획이 완성되어 민·관·군·경의 통합방위 전력이 한 단계 격상되었다는 평가를 받았다. 또한 이 서명식을 통해 각 기관별 전시대비 작전계획의 상이점을 보완하여 이제까지 문제점으로 제기되어 왔던 통합방위작전의 비효율성이 개선되었다.

이 통합방위예규는 각종 재난이나 을지훈련 및 대테러작전의 대비에 관한 것인데, 지역의 22개 시·군이 합동 서명을 하여 하나 된 민·관·군·경 통합방위의 기틀이 구축되었다. 이로써 작전지역의 총력안보태세를 갖추는 데 새로운 전기를 마련하였다.

'우리 먼저 지역사랑 운동'

군의 존재 목적은 외적으로부터 나라를 지키는 것이다. 이것을 구체화한다면 각급 부대가 현재 주둔하고 있는 작전지역을 잘 지키는 역할을 다함으로써 물샐틈없는 방위망이 구축되는 것이다. 즉 나라를 지키는 것은 지역을 지키는 것에서 시작되고, 나라사랑은 지역사랑에서 시작되는 것이다. 따라서 군은 주둔지의 지역민으로부터 지지를 얻어야 그 존재의 당위성이 보장될 뿐만 아니라 각종 군사작전도 성공적으로 수행할 수 있는 것이다. 그래서 군은 주둔하고 있는 지역민들이 필요로 하는 사항을 적극적으로 먼저 찾아서 지원하여 지역민이 군을 사랑도록 만들어야 한다. 이런 목적으로 만든 것이 바로 '우리 먼저 지역사랑 운동'이다.

먼저 지역주민이 군으로부터 지원받기를 원하는 것이 무엇인지 파악하여 이에 대해 적극적으로 지원하도록 하였다. 지원을 할 때는 지역주민의 입장에서 바라보면서 능동적으로 지원하였고, 지역사회가 군으로부터 지원을 받고 있다는 것을 피부로 느낄 수 있도록 지원해주었다.

나아가 지역주민에게 병 체험과 극기훈련의 기회도 마련해주고, 주민들을 초청하여 전투장비와 안보관을 견학할 수 있도록 하였다. 부대 연병장을 개방하여 주민들이 운동을 하거나 행사를 치를 수 있는 장소를 제공하였고, 지역주민들의 행사가 있을 때에는 군악대를 지원하였다. 이러한 활동을 통해 지역민과 함께하는 열린 부대상을 구현하도록 노력하였다.

군 · 민간의 화합과 단결을 위한 '민 · 관 · 군 친선행사'를 기획하여 지역의 주요 기관장과 단체장, 경찰, 지역주민과 학생, 장애우 등을 초청하여 무술 시범단 시범, 시립 국극단 공연, 대학 에어로빅팀 공연, 군악 연주회, 특공무술 시범, 초청가수 공연 등의 다채로운 행사를 개최하였다.

이외에도 지역사회에 경제적으로 기여하고 실질적으로 도움이 될 수 있도록 사회복지시설에 대한 봉사활동을 하고 호국보훈 대상자들에 대한 위로행사와 지원을 하였다. 이러한 활동을 통하여 민 · 군 간의 상호 신뢰의 기반을 구축하였음은 물론, 통합방위태세 확립의 토대가 마련되었다.

뜻 모아 환경보전 – '민 · 학 · 관 · 군 환경 대토론회'

자연 환경은 인간의 삶의 터전이다. 오늘의 우리가 사는 곳일 뿐만 아니라 미래의 우리 자손들이 살아갈 터전이다. 그러므로 대대손손 물려주어야 할 환경을 잘 보호하고 건강하게 보존하는 것은 이 땅에 살아가는 우리들의 책무이다.

현대사회에 접어들면서 전 세계적인 인구의 증가와 산업의 급속한 발전으로 인해 자연이 많이 훼손되고 환경오염이 심각한 문제로 대두되어 왔다. 환경보전의 문제는 세계 모든 나라의 문제이며, 당연히 우리나라에서도 중요한 국가적 문제로 대두되고 있다. 수년전부터 우리나라는 녹색성장이라는 캐치프레이즈 아래 환경보전을 위한 운동을 국가적 시책으로 전개하고 있다.

우리 군은 이러한 국가 시책을 구현하는 데 선도적인 역할을 수행해야 할 책무가 있다는 인식 하에 다양한 활동을 전개하였다. 먼저 환경보전 활동을 통해 국토사랑과 지역사랑을 실천하는 부대로서의 위상을 확립하기 위해 '민·학·관·군 환경보전 대토론회'를 기획하여 개최하였다. '명예 환경감시원'을 양성하여 작전 및 부대활동 지역에 대한 환경 파수꾼으로 활동하게 하였다.

또한, 작전지역 내를 흐르는 주요 하천 유역의 환경정화 활동과 체험 순례를 하도록 하고, 민·관·군이 합동으로 이러한 환경보전 활동을 추진하기 위하여 '군·관 지역 환경협의회'를 결성하도록 하였다. 초빙강연, 그린투어, 환경 실무 위탁교육 등 환경보전 공감대 확산을 위한 이벤트도 시행하였다. 이러한 노력들을 경주한 결과 환경의 날에 환경부장관 표창과 국방부 장관의 표창을 수상하기도 하였다. 우리는 '환경 지킴이'는 곧 '나라 지킴이'임을 인식하고 국토수호의 본분을 지닌 군인으로서 환경보호에 누구보다 앞장서야 할 것이다.

장병 의료복지 향상 - '민·군 의료협약 체결'

지휘관의 세 가지 0순위 관리 중의 하나가 부대관리인데, 부대관리의 주요 과업 중의 하나가 병력관리이다. 그 중에서 장병의 건강관리는 전투력과 직결되는 동시에 사고 관리와도 직접적으로 관련이 있는 문제이다. 장병의 건강관리를 위해 부대가 구비하고 있어야 할 선결조건이 바로 의료복지체계의 확립이다.

군 부대는 주둔지의 지리적인 특성과 부대별로 전문 군의관이 모두 보직되지 못하는 여건 상의 문제 때문에 부대 장병의 건강점검과 진료에 있어서 많은 제한사항을 안고 있다.

이러한 제한사항을 극복하기 위하여 작전지역 인근에 있는 29개의 민간병원과 의료협약을 체결하여 도움을 받을 수 있도록 하였다. 의료협약 체결을 통해 해안초소, R/S, 격오지 부대에서 응급환자가 발생하였을 때 적시적으로 진료를 받을 수 있는 체계가 구축되었다.

재난발생에 대비하여 민·군 상호 의료지원 체계를 마련함으로써 유사시 피해를 최소화하도록 하였다. 장병과 군인가족에게는 의료비를 면제해 주거나 감면 혜택을 부여하는 등의 조치를 통하여 군 복지향상에 힘썼다. 이를 지역 내에 거주하는 소년·소녀가장에게까지 확대하는 등 대민지원을 위한 노력도 병행하였다.

이 밖에도 민간병원의 협력과 지원을 받아 제대별 응급구조능력을 향상시키는 한편 의료기술의 수준도 제고시켰다. 이렇게 시작된 민·군 의료협약 체결은 장병들의 복지증진과 지역발전이라는 두 마리의 토끼를 모두 잡는 데 결정적인 역할을 하였다.

6 블루 랜드 운동의 성과

'꿈에 그린 병영' 추진성과

먼저 의식 변화의 측면에서 보면 수동적이고 타율적이던 모습의 장병들이 보다 능동적이고 자율적인 모습으로 변모하였다. 이러한 의식 변화의 성과는 바로 부대의 사고 건수를 현저하게 감소시키는 효과를 가져왔다. 즉, 이전 년도에서의 동기간의 사고 발생 통계와 비교해 보면 68%까지 감소시킬 수 있었다.

'꿈에 그린 병영'의 최종목표

'꿈에 그린 병영' 운동이 최종적으로 꿈꾸는 목표는 혁신과 전진을 통해 병영 내의 악습과 폐습을 근원적으로 척결하고, 끈끈한 정이 흐르는 인간 중심의 병영, 부하와 동료를 먼저 생각하는 부대, 자율과 창의로 완벽하게 전투임무를 완수하는 부대를 육성하는 것이다.

'꿈에 그린 병영'의 다짐

육천 리 해안선 방어의 최전방 부대로서 상시 즉응태세를 유지하기 위하여 기본과 원칙에 충실한 부대, 부대원 상하 간에 서로 믿고 사랑과 활력이 넘치는 부대, 지역민과 애환을 함께 하는 부대, 민·관·군·경 통합방위태세가 완비된 부대를 만들어 '준비하여 승리하는 최정예 부대'를 육성하는 것이 우리의 다짐이다.

사람들은 크고 작은 성공에 신화라는 꼬리표를 붙이길 좋아한다. 그만큼 성공은 어려운 것이나 모든 성공의 이면에는 그것을 가능케 했던 많은 사람들의 피와 땀과 노력이 자리 잡고 있기 마련이다. 어느 것 하나 우연이나 공짜는 없다. 지금 또 하나의 성공 신화를 창조하기 위해 우리는 부대의 전 역량을 집중해야 한다.

군의 존재 목적이 평시에는 전쟁을 억제하고, 일단 유사시에는 적과 싸워 이김으로써 국민의 생명과 재산을 보호해야 함은 누구나 알고 있기에 이를 위해 우리는 끊임없이 준비하고 훈련하는 일과로 점철되어야 한다. 얼마큼 효율적이고 창의적이며 적극적으로 할 수 있는가를 지휘관은 부단히 고민하고, 그 고민의 결과는 성공으로 나타나야 한다.

:: 부대지휘 성과

전투준비, 교육훈련, 부대관리 세 분야를 모두 직접적으로 관장해야 하는 지휘관의 책임은 사실상 연대장과 사단장까지가 핵심이라고 생각한다. 그 이상의 직책에서는 사단장 이하가 잘 수행할 수 있도록 여건을 보장해주고 지원해주면서 작전적이고 전략적인 방향제시가 중요하다고 할 수 있다.

따라서 연대장 시절에 이러한 세 분야를 열정을 가지고 노력한 결과는 선봉연대와 RCT 최우수라는 명예를 얻었으며, 사단장 시절에는 대통령표창 3회(부대표창 2회, 기관표창 1회), 군 전투지휘검열 최우수 등 6회의 표창과 참모총장표창 2회, 국방부장관표창 3회 등 최고의 명예를 거두었다. 이것은 바로 손자병법에서 말하는 상하동욕자승(上下同欲者勝)이 달성된 결과로 믿는다.

:: 집필후기

2010년 가을, 남자의 자격이라는 KBS 예능 프로그램에서 합창단을 만들어 대회에 출전하는 내용을 방영한 적이 있다. 오디션을 통해 30여 명의 단원을 모집하고, 두 달 동안의 준비를 거쳐 합창대회에 참가한다는 것이었다. 처음에는 그저 웃음을 주는 즐거운 이벤트라고 생각했으나, 두 달 후에 그들이 만들어낸 아름답고 경쾌한 하모니는 시청자들의 눈시울을 붉히기에 충분했다. 웃고 즐기는 예능 프로그램이 도리어 시청자들의 심금을 울렸던 것이다. 그것은 사람들의 마음속 깊이 내재된 감정의 샘을 자극하여 잔잔한 여운을 남기는 휴먼 다큐멘터리 같았다.

합창단의 성공적인 공연과 더불어 시청자들의 관심은 박칼린이라는 여자에게 집중되었다. 그녀는 합창단의 연출가이자 지휘자였다. 사람들은 그녀가 없었다면 합창단은 성공하지 못했을 것이라고 했다. 그녀는 오합지졸 합창단을 명품으로 변화시킨 지휘자로서 선풍적인 인기를 끌면서, 이른바 '칼마에 신드롬'을 일으켰다. 갑자기 구성된 신출내기 합창단이 단번에 시청자들의 눈물을 자아낼 만큼 아름다운 하모니를 연출할 수 있었던 것은, 무엇보다 박칼린의 열정과 카리스마, 도전정신과 인간적 신뢰에 바탕을 둔 탁월한 리더십 때문이었다는 것이다.

남자의 자격 합창단을 보면서, 언뜻 젊은 시절에 읽었던 피천득 님의 〈플루트 플레이어〉라는 수필이 떠올랐다.

> "지휘봉을 든 오케스트라의 지휘자는 찬란한 존재다. …… 오케스트라와 같이 하모니를 목적으로 하는 조직체에 있어서는 멤버가 된다는 것만도 참으로 행복한 일이다. 그리고 각자의 맡은바 기능이 전체 효과에 종합적으로 기여된다는 것은 의의 깊은 일이다. 서로 없어서는 안 된다는 신뢰감이 거기에 있고, 칭찬이거나 혹평이거나 '내'가 아니요 '우리'가 받는다는 것은 마음 든든한 일이다."

그렇다. 우리는 인간으로 태어나 가족, 학교, 직장, 단체 등 수많은 공동체에 몸담고 살아간다. 그 속에서 기쁨과 환희, 슬픔과 분노 등 갖가지 감정을 맛보면서 생활한다. 때로는 오케스트라의 지휘자처럼 앞에 서서 다른 사람들을 이끌기도 하고, 때로는 플루트 플레이어처럼 조직 전체의 화음을 위해 자기가 맡은 부분을 연주하기도 한다.

이 작품을 되새기면서 군 조직도 오케스트라와 흡사하다는 생각이 들었다. 군대의 존재 의의는 전쟁에서 승리하는 데 있다. 전쟁을 수행하기 위해서는 인사, 정보, 작전, 군수 등 수많은 기능들 간의 유기적인 협조가 필수적이다. 군 조직의 근간인 장교는 때로는 지휘관으로서, 때로는 참모로서 주어진 역할을 수행하면서 부대목표를 달성하기 위해 뼈를 깎는 노력을 경주한다. 특히, 지휘관은 평시에는 이러한 제 기능들이 조화롭게 작동할 수 있게 실전처럼 훈련시키고, 전시에는 훈련한 대로 싸워 이기도록 부대의 전투력을 끌어올려야 한다. '즉각 싸워서 이길 수 있는 강군'을 육성하는 것이야말로 지휘관에게 주어진 숭고한 소명이자 책무이다.

그런데 인류가 치룬 전쟁의 역사를 살펴보면, 전쟁은 늘 새로운 방식으로 이루어질 뿐만 아니라, 승리의 여신은 늘 새로운 방식으로 준비한 측의 손을 들어 주었다. 이런 점에서 군 지휘관에게는 남다른 인품과 역량이 요구되기도 한다. 길은 본디부터 있었던 것이 아니라 사람들이 다니면서 만들어진다고 했던가. 그래서 지휘관들은 새로운 안목, 새로운 리더십을 갖추기 위해 항상 깨어있는 정신으로 고심하고 정진해야 한다.

일반적으로 말해 리더십이란 집단의 목표나 조직을 유지하기 위하여 구성원이 자발적으로 집단활동에 참여하여 이를 달성하도록 유도하는 능력을 말한다. 그러나 실제 현실 속의 리더십은 그리 단순하지 않다. 현실은 이론보다 훨씬 복잡다단하고, 사회도 급격하게 변화됨에 따라 리더가 갖추어야 할 능력과 자질도 더욱 많아지고 있다. 한 가지만 예를 들어 보면, 리더십에 관한 정의는 1930년대에 10개 정도였으나, 1980년대에 110여 개, 2000년대에 들어서 220여 개로 늘어났다. 리더십 이론도 연구자의 시각에 따라 변혁적 리더십, 카리스마 리더십, 전략적 리더십, 설득적 리더십 등 각양각색이다. 이렇게 리더십에 관한 정의와 이론이 다양한 까닭은 리더십 현상을 바라보는 연구자들의 초점이 상이하고, 고려해야 할 변수들이 매우 다양하기 때문이다. 이는 현대사회로 올수록 사회조직이 한층 복잡해지고, 조직의 리더에게 요구되는 역할이 커졌음을 반증한다.

일반사회의 리더십이 다양하듯, 군 리더십 또한 다채롭다. 지휘관의 특성과 함께 각각의 부대가 처한 상황이 다를 수밖에 없기 때문이다. 지휘관의 인품과 성향, 그리고 부대의 강점과 약점에 따라 야전 현장에서 구현되는 리더십의 모습은 서로 다른 형태로 나타나기 마련이라고 생각한다. 이런 점에서 이 책자는 다음과 같은 의미를 부여할 수 있다고 본다.

첫째, 보편적 리더십 이론을 군 리더십으로 특성화하여 적용하고 있다는 점이다. 리더십은 크게 리더의 개인적 자질과 특성, 조직의 목표와 상황요인, 조직 구성원들의 특성과 인식, 리더와 조직이 지향하는 비전 등으로 구성된다고 할 수 있다. 이 책에서도 이러한 리더십의 전체 분야를 포괄할 수 있도록 목차를 구성하였으며, 나아가 이를 군에 적용하는 방향까지 함께 제시하고자 노력했다. 따라서 이 책은 리더십의 일반적 이론을 토대로 하되, 부대지휘라는 특수성을 가미함으로써, 이론과 실제를 겸비하고 있다고 할 수 있다.

둘째, 지휘관에게 실제로 필요한 야전 현장의 리더십을 구체적으로 보여주고 있다는 점이다. 야전 지휘관에게 있어서 진정 중요한 것은 수많은 리더십 이론을 섭렵하는 것이 아니라, '현장에서 이를 어떻게 효과적으로 구현할 것인가?' 하는 적용능력이다. 야전 지휘관은 연구자가 아니라 실병력을 통솔하여 전쟁을 준비하고, 유사시에는 부대의 역량을 극대화시켜 전투에서 이길 수 있도록 만드는 존재이다. 따라서 이 책에서는 가급적 야전 현장에서 실천되는 리더십의 모습을 보여주고자 노력했다. 이런 생각에서 책자에 언급된 대부분의 내용들은 하급제대부터 상급제대에 이르기까지 다양한 규모의 부대를 지휘하면서 직접 경험했던 바를 포함시켰다. 이로써 독자들로 하여금 부대지휘에 참고하거나, 곧바로 응용할 수 있을 것으로 생각한다.

셋째, 시대적 변화와 미래의 전쟁양상을 고려하여 선진적인 군대문화를 발전시키기 위한 장기적 전망을 담고 있다는 점이다. 지금 현재의 전쟁양상이 과거의 전쟁양상과 다르듯이, 미래의 전쟁은 또 다른 양상으로 전개될 것이 확실하다. 또한 현재 복무 중인 병사들은 과거 병사들과 다른 특징을 가지고 있다. 그래서 군은 이러한 신세대 병사들의 약점을 보완하고 강점을 살릴 수 있는 방안을 찾으려 노력해 왔다. 미래 병사들은 현재와 다른 사고체계와 행동유형을 가지고 있을 것이 분명하다. 군은 예상되는 미래 변화에 대비하여 다양한 방안을 강구할 필요가 있다. 그것은 국내외 안보환경, 무기체계, 인적자원, 병영문화 등 제반 국면에서 나타날 변화들을 예측하고, 각 분야의 문제점들을 사전에 식별하여 대책을 마련해야 한다. 미리미리 대비하지 않으면 실기하는 우를 범할 수 있다. 이런 시각에서 이 책은 나름대로 의미 있는 전망을 제시하고 있다.

이와 같은 의미에도 불구하고, 책을 내면서 '이미 발간된 수많은 리더십 책자에 또 하나의 책자를 보태는 것이 아닌가?'라는 소감이 드는 것은 어쩔 수 없는 일인가 보다. 그러나 평생을 야전 군인으로 살아온 사람으로서 자신의 지휘경험을 기록으로 남기는 것은, 나를 품어준 조국과 내가 모셨던 상급자들, 그리고 나를 믿고 따랐던 하급자들에게 고마움을 표현하는 최고의 방식이라고 생각한다. 더욱이 우리나라와 군의 미래를 책임질 청년 사관생도에 대한 교육을 책임지고 있는 육군사관학교장의 입장에서 볼 때, 무럭무럭 자라나는 미래의 야전 지휘관들에게 선배군인의 이야기를 들려줄 필요가 있다고 본다.

군 생활은 자기 혼자서 하는 것이 아니라, 상·하급자와 동료가 몸과 마음을 합하여 함께 하는 것이라고 믿는다. 따라서 훈련은 실전처럼 강하게 실시하되, 구성원들과의 인간관계를 존중하고 진정한 소통이 이루어지는 인간다운 조직을 만들어야 한다. 이를 위해 상급자가 먼저 모범을 보이고 희생을 감수하는 것이 무엇보다 중요하다. 그래야만 직·간접적 이해관계에 상관없이 함께 어울려 살아가는 인간다운 군 조직을 만들 수 있다. 이런 생각에서 이 책자의 후속으로 '전사처럼 치열하게 살아가되 천사처럼 베푸는 삶을 꿈꾸며 살아가야 한다.'라는 내용을 골자로 한 산문집을 준비하고 있다. 그 책에서는 여기서 다루지 못한 내면의 이야기들, 특히 군 공동체의 일원으로 살아온 인간적 삶의 국면들을 내보일 생각이다.

끝으로, 이 책을 통해 나와 인연을 맺었던 선·후배 장교들과, 나의 지휘방침에 따라 행동으로 옮겨준 부하들, 그리고 옆에서 아낌없는 후원으로 독려해 주셨던 많은 은인 여러분께 진심으로 감사를 드린다. 앞으로 우리 군을 책임지고 이끌어 갈 청년장교들도 이 책을 읽어 가면서, 탁월한 자질과 역량을 구비한 미래의 리더상을 그려보기를 기대한다.

토인비는 창조적 소수(Creative Minority)만이 인류의 문명을 발달시킬 수 있다고 했다. 인류문명 발달사에서 획기적인 발달이 일어난 시기에는 항상 창조적 인재가 나타났다는 것이다. 이제 우리나라 청년들 중에서도 인류역사의 물줄기를 바꿀 만큼 위대하고 자랑스러운 창조적 리더가 나타날 때가 되었다고 굳게 믿는다. 이 책이 조국과 군의 눈부신 전환점을 만들 미래의 인재들을 탄생시키는 데 작은 씨앗이 되기를 바란다. 그날이 어서 빨리 오기를 고대하면서 글을 맺는다.

지휘관, 무한책임의 주역!

2011년 2월 5일 인쇄
2011년 2월 8일 발행

인 지

저 자 이 봉 원
발행자 신 소 연
발행소 양 서 각

주소 : 서울시 도봉구 쌍문2동 716-27
전화 : 02) 991-6234~5
FAX : 02) 6007-1693
등록 : 1992년 4월 30일 제3-412호

ISBN 978-89-5568-329-5-93390 **[정가 13,000원]**